U0207745

本书的出版得到以下项目及课题的支持

国家国防科技工业局重大专项计划：基于高分数据的主体功能区规划实施效果评价与
辅助决策技术研究(一期)（00-Y30B14-9001-14/16）
国家重点研发计划：生态退化分布与相应生态治理技术需求分析（2016YFC0503701）
国家重点研发计划：全球多时空尺度遥感动态监测与模拟预测（2016YFB0501502）
中国科学院战略性先导科技专项（A类）："三生"空间统筹优化与决策支持（XDA19040300）

■ 主体功能区规划评价丛书 ━━━━

主体功能区规划
实施评价与辅助决策
软件系统开发和使用

胡云锋　董　昱　明　涛
戴昭鑫　张云芝　赵冠华　等/著 …………

科学出版社

北　京

内 容 简 介

本书在系统和模块总体设计基础上,依托"高分遥感主体功能区规划实施评价与辅助决策指标(专题产品)体系"研究成果等,应用信息技术,基于经济地理学的基本原理和模型方法,将各种通用和专用的区域评价和区域规划辅助决策模型方法转化为计算机模块,书中对每个模型的模型概念、模型算法、输入输出定义、算法流程图、模型界面等进行了定义、设计和研发论述。

本书可供广大地学、空间科学和计算机科学领域从事地理信息系统、城市规划、遥感等研究的科研人员及相关高等院校教师和研究生参考使用。

图书在版编目(CIP)数据

主体功能区规划实施评价与辅助决策. 软件系统开发和使用/胡云锋等著. —北京:科学出版社,2018.7
　　(主体功能区规划评价丛书)

ISBN 978-7-03-057658-3

Ⅰ.①主… Ⅱ.①胡… Ⅲ.①区域规划–应用软件–研究–中国
Ⅳ.①TU982.2

中国版本图书馆 CIP 数据核字(2018)第 125093 号

责任编辑:张　菊/责任校对:彭　涛
责任印制:张　伟/封面设计:无极书装

科 学 出 版 社 出版
北京东黄城根北街 16 号
邮政编码:100717
http://www.sciencep.com

北京九州迅驰传媒文化有限公司 印刷
科学出版社发行　各地新华书店经销
*
2018 年 7 月第　一　版　开本:720×1000　1/16
2020 年 1 月第二次印刷　印张:11
字数:230 000
定价:138.00 元
(如有印装质量问题,我社负责调换)

丛书编委会

主　编：胡云锋

编　委：明　涛　李海萍　戴昭鑫　张云芝

　　　　赵冠华　董　昱　张千力　龙　宓

　　　　韩月琪　道日娜　胡　杨

总　　序

进入 21 世纪以来，随着中国经济社会的持续、高速发展，中国的区域经济发展、自然资源利用和生态环境保护之间逐渐形成了新的突出矛盾。为有效开发和利用国土资源，实现国家可持续发展目标，中国科学院地理科学与资源研究所樊杰研究员领衔的研究团队开展了全国主体功能区规划研究，相关研究成果直接支持了党中央、国务院有关国家主体功能区规划的编制工作。主体功能区发展战略的提出是我国国土空间开发管理思路和战略的一个重大创新，是对区域协调发展战略的丰富和深化，对中国区划的发展具有重要的现实意义。

2010 年，《全国主体功能区规划》由国务院正式发布。该规划为各省、自治区和直辖市落实地区主体功能规划定位和规划目标提供了基本的理论框架。但要在实践和具体业务中真正落实上述理念和框架，就要求各级政府及其相应的决策支撑部门充分领会《全国主体功能区规划》精神，充分应用包括遥感地理信息系统在内的各项新的空间规划、监测和辅助决策技术，开展时空针对性强的综合监测和评估。2013 年以来，以高分 1 号、高分 2 号、高分 4 号等高空间分辨率和高时间分辨率卫星为代表的中国高分辨率对地观测系统的成功建设，为开展国家级主体功能区规划的快速、准确的监测评估提供了及时、精准的数据基础。

在《全国主体功能区规划》中，京津冀地区总体上属于优化开发区，中原经济区总体上属于重点开发区，三江源地区总体上属于重点生态功能区和禁止开发区。这三个地区是我国东、中、西不同发展阶段、发展水平的经济社会和地理生态单元的典型代表。对这三个典型功能区代表开展高分辨率卫星遥感支持下的经济社会及生态环境综合监测与评估示范研究，不仅可以形成理论和方法论的突破，而且对于这三个地区评估主体功能区规划落实状况具有重要应用意义，对于全国其他地区开展相关监测评价也具有重要的参考价值。

在国家国防科技工业局重大专项计划支持下，胡云锋团队长期聚焦于国家主体功能区监测评估领域的研究，取得了一系列重要成果。在该丛书中，作者以地理学和生态学等基本理论与方法论为基础，以遥感和 GIS 为基本手段，以高分遥感数据为核心，以区域地理、生态、资源、经济和社会数据等为基本支撑，提出了具有功能区类型与地域针对性的高分遥感国家主体功能区规划实施评价的指标体系、专题产品库和模型方法库；作者充分考虑不同主体功能区规划目标、区域特色、数据可得性和业务可行性，在三个典型主体功能区开展了长时间序列指标动态监测和评估研究，并基于分析结果提出了多个尺度、空间针对性强的政策和建议。研究中获得的监测评价技术路线、指标体系、基础数据和产品、监测评估的模型和方法等，不仅为全国其他地区开展主体功能区规划实施的综合监测和评估提供了成功范例，也为未来更加深入和精准地开展空间信息技术支撑下的区域可持续发展研究提供了有益的理论与方法论基础。

当前，中国社会主义建设进入新时代。充分理解和把握新时代中国社会主要矛盾，落实党中央"五位一体"总体布局，支持新时代下经济社会、自然资源和生态环境的协调与可持续发展，这是我国广大科研人员未来要面对的重大课题。因此，针对国家主体功能区规划实施的动态变化监测、全面系统的评估和快速精准的辅助决策研究还有很远的路要走。衷心祝愿该丛书作者在未来研究工作中取得更丰硕的成果。

中国科学院地理科学与资源研究所

2018 年 5 月 18 日

前　　言

对国家主体功能区规划实施开展监测和评估是落实主体功能区规划、调控主体功能区运行的基本途径。应用信息技术，基于经济地理学的基本原理和模型方法，将各种通用和专用的区域评价与区域规划辅助决策模型方法转化为计算机模块，这是开展自动化、业务化的监测、评估和辅助决策的关键所在。

本书在系统和模块总体设计基础上，利用 GIS 与 RS 相关的功能模块，分别对国土开发、城市环境、耕地保护、生态环境质量、生态服务功能、辅助决策 6 类、23 个具体模型进行了研发，对每个模型的模型概念、模型算法、输入输出定义、算法流程图、模型界面等进行了定义、设计和研发。此外，考虑到系统业务化、自动化作业的完整性，进一步研发了数据预处理、空间格局、动态变化、情景模拟、综合评价 5 个方面共 19 个软件模块。上述 19 个软件模块可以完成从专题产品生产、集成，到专题产品时空分析、模拟预测和综合评价的工作，是对主体功能区规划实施评价与辅助决策工作的必要补充。

本书共分为 6 个部分、15 章。第一部分包括第 1 章、第 2 章，是对系统需求及系统和模块总体设计的介绍；第二部分包括第 3 章，主要是对多源数据整合、时空格局与动态分析和未来情景模拟方法的研究；第三部分包括第 4 章，是对主体功能区规划实施评价与辅助决策关键模型的论述，主要包括针对京津冀地区、中原经济区、三江源地区三个典型主体功能区的规划评价与辅助决策；第四部分包括第 5~9 章，深入分析了国土开发、城市环境、耕地保护、生态环境质量、生态服务功能、辅助决策具体模块的设计和研发；第五部分包括第 10~14 章，深入分析了数据预处理、空间格局、动态变化、情景模拟、综合评价软件模块的设计和研发；最后就全书内容进行了提要总结，形成了第 15 章。

本书内容是由国家国防科技工业局重大专项计划"基于高分数据的主体功能区规划实施效果评价与辅助决策技术研究（一期）"（00-Y30B14-9001-14/16）

科研项目长期支持形成的结果。具体工作由国家发展和改革委员会信息中心、中国科学院地理科学与资源研究所两家单位的科研人员完成。

研究过程中，作者得到了国家发展和改革委员会宏观经济研究院、中国科学院地理科学与资源研究所、国家发展和改革委员会信息中心、中国科学院遥感与数字地球研究所等单位，以及曾澜研究员、刘纪远研究员、樊杰研究员、周艺研究员、王世新研究员、李浩川高工、孟祥辉高工、吴发云高工等专家的指导和帮助，在此表示衷心的感谢！本书编写过程中，参考了大量有关科研人员的文献，在书后对主要观点结论均进行了引用标注，作者对前人及其工作表示诚挚的谢意！引用中如有疏漏之处，还请来信指出，以备未来修订。读者若对相关研究结果及具体图件感兴趣，欢迎与我们讨论。

限于作者的学术水平和实践认识，书中难免存在不足或疏漏之处，殷切希望同行专家和读者批评指正。

作　者
2018 年 1 月

目　　录

第1章 需求分析

1.1 总体需求

本软件系统利用 GIS 与 RS 相关的功能模块，对国土开发、城市环境、耕地保护、生态环境质量、生态服务功能、辅助决策等方面重要的模型算法进行归类整合。这些用于国家主体功能区规划实施监测和评价的主要的模型算法迫切需要统一整理、整合利用，并形成相应的软件体系，最终产生一套具有界面友好性、易操作性的软件系统，为科研人员与相关从业人员提供帮助。该系统应当根据模型所需的输入数据，通过已经编写好的内置算法，迅速地计算出可靠的可利用的结果。

本软件系统应当具有以下几个基本特性。

（1）模块的相互独立性

为保证软件的高效开发与运行，本系统应当根据不同的模型算法将软件分成不同的模块。模块与模块之间相互独立。模块化的系统的好处在于，可以根据不同的用户自身的实际需求，选择性地整合利用不同的软件模块，形成相应的子系统，而无须依赖其他模块。

（2）模块的接口统一性

虽然模块之间是相互独立的，每一个模块可以独立运行，但是部分模块之间却有相互调用的关系，如一个模块的结果数据可能为另一个模块的输入数据。采用统一的软件接口，可以方便程序的整合与其他程序的调用，并为未来的软件升级与功能的扩展提供依据。

（3）高效性

除了功能性的需求，软件还应当注重运行的性能。由于本系统是依据国家主体功能区的相应研究区研发，研究区的范围较大，而系统的内存却为固定值，因此需要调和解决数据量大和有限的内存之间的矛盾。即便如此，较大的研究区范围也必然会使得软件的运行速度受到制约，在提高软件性能的同时，也应当将每个模块运行的每一步都告知用户，告知当前模型计算所处的步骤。

（4）易用性

本软件系统应当在重视软件的功能全面性、流程的可控性和技术的先进性的同时，提高软件的易用性。软件易用性包括软件的易理解性、易学习性、易操作性等方面。设计亲和的软件界面，减少复杂的流程设计，配制精简的系统菜单，可以帮助用户提高工作效率，减少不必要的学习成本。

1.2　功能性需求

根据总体需求与研究内容，软件根据主体功能区规划实施监测和评价涉及的七大类模型方法，将软件分成 7 个一级菜单，一级菜单需求如图 1-1 所示。

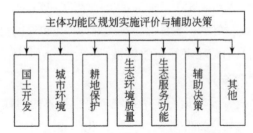

图 1-1　主体功能区规划实施评价与辅助决策软件需求

国土开发菜单中应当包括国土开发强度、国土开发聚集度、国土开发均衡度评价指标，用于指示与检测各主体功能区的开发空间布局状况。城市环境菜单中应当设计城市绿被率、城市绿化均匀度、城市地表温度、城市热岛评价指标，用于指示与检测各主体功能区的城市环境的空间布局情况。耕地保护菜单中应当设计耕地面积和农田生产力的统计模块，用于检测各主体功能区的耕地分布情况。生态环境质量模块应当设计植被绿度、优良生态系统、草地生态系统、人类扰动指数指标，用于体现各主体功能区的生态系统空间分布状况，检测生态质量。生态服务功能菜单应当设计载畜压力指数、水源涵养功能、水土保持能力、防风固沙功能指标，用于指示与检测各主体功能区的各种生态服务功能。辅助决策菜单应对国家级主体功能区的国土开发、人居环境、生态环境等方面的综合发展情况开展评价和决策支持。

各二级菜单的功能需求描述如下。

(1) 国土开发

国土开发一级菜单下包括国土开发强度、国土开发聚集度、国土开发均衡度二级菜单（图1-2）。国土开发强度二级菜单打开后为一对话框，可以根据各主体功能区的行政区划数据、土地利用数据，计算统计各行政区的国土开发强度。国土开发聚集度二级菜单打开后为一对话框，可以根据各主体功能区的行政区数据与土地利用数据，通过八邻域比重卷积法和地类标准法计算相应地区的国土开发聚集度数据。国土开发均衡度二级菜单打开后为一对话框，可以根据各主体功能区的行政区划数据，基年与现年的土地利用数据，统计计算相应地区的国土开发均衡度。

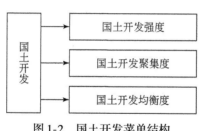

图1-2　国土开发菜单结构

(2) 城市环境

城市环境一级菜单下包括城市绿被率、城市绿化均匀度、城市地表温度、城市热岛二级菜单（图1-3）。城市绿被率二级菜单打开后为一对话框，可以根据各主体功能区的行政区划数据、土地利用数据与绿被数据，统计计算相应地区城市绿被率数据。城市绿化均匀度二级菜单打开后为一对话框，可以根据各主体功能区的行政区划数据、城镇面积数据、绿地数据统计算相应地区的城市绿化均匀度。城市地表温度（land surface temperature，LST）二级菜单打开后为一对话框，可以根据各主体功能区的 LST 数据与模板数据（高分数据或 Landsat 数据）对 LST 进行降尺度运算，形成高分辨率的 LST 数据。城市热岛二级菜单打开后为一对话框，可以根据各主体功能区的行政区划数据、土地利用数据、地表温度数据，计算各行政区的城市热岛。

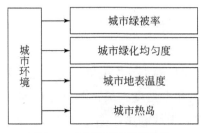

图 1-3　城市环境菜单结构

(3) 耕地保护

耕地保护菜单下，只需包括耕地面积模块。耕地面积二级菜单打开后为一对话框，可以根据各主体功能区的土地利用数据，生成单位网格，统计计算各网格内的耕地面积。

(4) 生态环境质量

生态环境质量一级菜单下包括优良生态系统、草地生态系统、人类扰动指数、植被绿度二级菜单（图 1-4）。优良生态系统二级菜单打开后为一对话框，可以利用各主体功能区的行政区划数据和土地利用数据统计计算相应地区的优良生态系统面积。草地生态系统二级菜单打开后为一对话框，可以通过各主体功能区的土地利用数据，生成单位网格，统计计算各网格内的草地生态系统面积。人类扰动指数二级菜单打开后为一对话框，可以通过利用各主体功能区的行政区划数据和土地利用数据，统计计算相应地区的人类扰动指数。植被绿度二级菜单打开后为一对话框，可以通过遥感影像的红波段和近红外波段计算相应地区的归一化植被指数（normalized difference vegetation index，NDVI）。

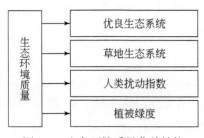

图 1-4　生态环境质量菜单结构

（5）生态服务功能

生态服务功能一级菜单下包括载畜压力指数、水源涵养功能、水土保持能力、防风固沙功能二级菜单（图1-5）。载畜压力指数二级菜单打开后为一对话框，可以利用主体功能区的行政区划数据、草地实际承载总羊单位数据量数据、土地利用数据、NPP（净初级生产力）数据以及牧草利用率、草地可利用率等相关的参数计算某地区的载畜压力指数数据。水源涵养功能二级菜单打开后为一对话框，可以利用某地区的降水量数据、NDVI数据，以及产流降雨量占降雨量的比例参数，计算该地区的水源涵养功能数据。水土保持能力二级菜单打开后为一对话框，可以通过利用降水侵蚀力因子、土壤可蚀性因子、坡长坡度因子、植被覆盖因子、人为管理措施因子等，计算该地区的水土保持能力数据。防风固沙功能二级菜单打开后为一对话框，可以通过利用气象因子、土壤可蚀性因子、土壤结皮因子、地表粗糙度因子、植被因子等，计算该地区的防风固沙功能数据。

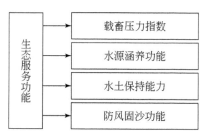

图 1-5　生态服务功能菜单结构

（6）辅助决策

辅助决策一级菜单下包括严格调控区县遴选、严格调控网格遴选、推荐开发区县遴选、推荐开发网格遴选、人居环境改善网格遴选、生态治理重点区县遴选、生态治理重点网格遴选二级菜单（图1-6），对国家级主体功能区的国土开发、人居环境、生态环境等方面的综合发展情况开展评价和决策支持。严格调控区县遴选与严格调控网格遴选二级菜单可利用主体功能区的土地利用数据、人口数据等遴选严格调控区域。推荐开发区县遴选与推荐开发网格遴选二级菜单打开后为一对话框，可利用主体功能区的土地利用数据等遴选推荐开发区域。人居环境改善网格遴选二级菜单打开后为一对话框，可以根据各主体功能区的绿地数据、地表温度数据等遴选人居环境改善区域。生态治理重点区县遴选与生态治理重点网格遴选二级菜单打开后为一对话框，可根据 NDVI、NPP、水源涵养功能、水土保持能力、防风固沙功能等数据遴选生态治理重点区域。

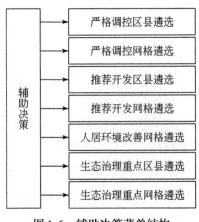

图 1-6　辅助决策菜单结构

(7) 其他

其他一级菜单下包括数据预处理、空间格局、动态变化、情景模拟、综合评价二级菜单（图 1-7），并在其二级菜单后增加相应的功能。

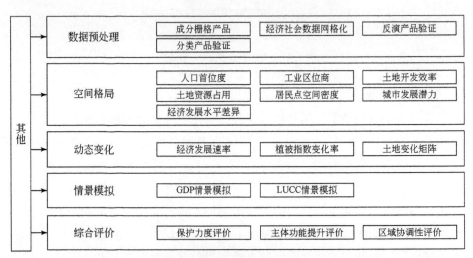

图 1-7　其他菜单结构

注：LUCC（land-use and land-cover change）即土地利用/土地覆被变化，

也即 LULC，软件系统模块中用前者，原理叙述等用后者。

1.3 非功能性需求

软件的非功能性需求主要包括软件的性能需求、安全需求、可扩展性需求等[1]，经过分析与讨论，本软件的非功能性需求主要体现在下面几个方面。

1. 性能需求

软件的性能需求主要体现在以下几个方面：①稳定性指标。系统有效性≥99%。②响应时间指标。在数据处理的过程中给予用户提示，一般功能应用响应时间≤2s。③误操作的识别与处理。在设计系统时，应当充分考虑用户误操作的可能性，并对各种误操作提供响应函数，为用户提出合理的提示，并尽可能地对系统可能产生的各种异常进行捕获，以保证用户的正常使用。④临时数据的合理处理。对数据生产过程中的临时数据的处理要及时，保证用户的内存与硬盘的使用空间。

2. 可扩展性

为提高软件的可扩展性，应当利用软件工程的相关原理与方法，为模块设计合理的接口，并对各种函数添加相关的说明与注释。

3. 易用性

系统的布局应人性化，且易于上手。要便于安装和维护，同时要考虑产品不断地更新，便于系统的升级，增强用户体验感，满足用户不同需求。

4. 安全性

系统运行会产生各类中间数据，这些中间数据应当合理地放置在用户选择的输出目录下，并及时删除，以保证存储数据的安全，从程序的角度避免泄露的可能。

第 2 章　系统和模块总体设计

2.1　研发背景

　　模型是对真实世界客观对象的抽象化描述，模型化方法则是指对真实世界客观对象进行抽象的具体方法。

　　由于区域自然地理和资源环境特点的丰富多彩、经济社会发展的区域间和区域内部差异，人们对主体功能区规划实施效果的监测和评价的目的与内容也多种多样。鉴于主体功能区规划实施效果监测和评价研究涉及众多要素、过程，只有在系统论、信息论的指导下，基于经济地理学的基本原理和模型方法，在GIS 和 RS 提供的空间分析、空间统计以及计算机模拟、辅助决策等技术的支持下，才能得到目的针对性强、综合程度高、定性和定量有机结合的结果，才能真正为监管部门起到信息提取支撑、辅助决策支持的目标。需要针对不同的研究阶段、不同业务人群、不同的监测分析目标，构建和使用不同研究性质与内容的模型。

　　另外，随着 GIS 的不断发展，GIS 软件系统已经从传统的 GIS 软件发展到云GIS 软件。MapGIS 10 是一款云 GIS 软件，它使用独创的 T-C-V（终端应用–云计算–虚拟设备）三层软件结构，悬浮式柔性架构、微内核群、松耦合接口和功能与数据分离等创新技术，使它真正具备自然云的"纵生、飘移、聚合、重构"等云软件特性，并具有按量可伸缩利用资源、按需个性化定制、在线租赁服务等特点。这一云 GIS 平台的发布全面改变了传统的 GIS 开发和应用模式，在云 GIS体系架构、软件开发模式、服务模式和应用模式、重构 GIS 软件生态链等方面取得了重大突破[2]。云 GIS 将用户从传统的资源独占转变为资源共享，最大化资源的利用率，大大降低了单个用户使用资源的成本[3,4]。

2.2 研 发 基 础

本软件是在 Windows 操作系统上基于 Microsoft . NET Framework 4.0 框架开发的。Microsoft . NET Framework 是用于 Windows 的新托管代码编程模型。Microsoft . NET Framework 4.0 通过利用通用语言运行时（common language runtime，CLR）管理由多种不同编程语言（VB. net、C#、C 语言、C++等）编写的代码，其中还包含了一个非常大的代码库。Microsoft . NET Framework 4.0 可将各种代码编译为通用中间语言（common intermediate language，CIL）代码。在运行时，即时（just in time，JIT）编译器可以把 CIL 编译为专用于 OS 和目标机器结构的本机代码。Microsoft. NET Framework 4.0 的这种好处在于方便使用不同编程语言的编程人员相互协同工作，并且可以使得不同语言的代码相互调用，形成统一的系统软件。

模块内部算法均搭建在 ArcObjects 类库之上，并采用 ArcObjects SDK for Microsoft . NET Framework 工具包进行开发。ArcObjects 是基于 Microsoft COM 技术所构建的一系列的包含丰富的 GIS 功能的 COM 组件集。因此，它的开放性和扩展性很强大。配合 Microsoft. NET Framework 框架，在开发环境的选择上可以有 VBA、VB、VC++、Delphi 等多种支持 COM 标准的开发工具。ArcObjects 具有很强大的扩展性，可以利用 COM 技术来写自己的 COM 组件，对 AO 组件库进行扩展补充。本软件运行时，要求本机必须安装有 ArcGIS for Desktop 或者 ArcGIS for Engine 软件，并且具有相应的授权[5]。

本软件采用的 IDE 是 Microsoft Visual Studio 2010，并在安装了 ArcGIS for Desktop 10.1 和 MapGIS 10 正式版的基础上，将相关的 SDK 导入 Microsoft Visual Studio 2010 之中进行开发工作。软件开发时，充分利用了 C#的语言优势，利用多线程机制对数据进行处理。

2.3 总 体 架 构

软件框架结构可分为基础功能类库、业务逻辑层、接口层和业务外观层四个层次。其中基础功能类库由操作系统和第三方软件提供，接口层由 MapGIS 10.1 平台提供，业务逻辑层和业务外观层为本软件设计研发的主要内容。

软件框架结构如图 2-1 所示。

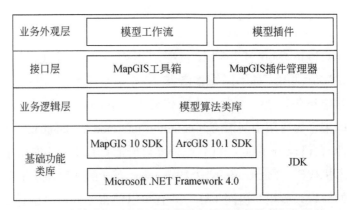

图 2-1　主体功能区规划实施评价与辅助决策软件框架设计

本软件的模型算法利用 C#和 Java 两种语言实现。其中，LUCC 情景模拟模块采用 ABM 模型，用 Java 语言实现。土地开发效率、土地资源占用、居民点空间密度、经济发展速率四个模型建立在 MapGIS 10 SDK 的基础上，其余的模块均在 ArcGIS 10.1 SDK for Microsoft .NET Framework 的基础上实现。

本软件采用两种用户界面，分别为模型插件和模型工作流。

1）模型插件：模型插件的主体建立在 MapGIS 10 平台基础之上，利用 MapGIS 10 提供插件框架，定义公共的 MapGIS 10 插件接口标准，利用针对国家主体功能区规划实施评价与辅助决策的具体算法开发功能插件，并集成到系统框架之中，使得系统具有最大程度的灵活性和可扩展性。模型插件开发完成后，利用数据中心设计器进行插件整合，便于 MapGIS 平台调用。

2）模型工作流：为实现各个业务环节之间的智能化协同工作，本软件在 MapGIS 10 的框架基础上建立软件工作流，本软件系统中的每个模块都设置单独的工作流模型，并置入 MapGIS 10 Desktop 的工具箱，可将其发布到 Web 页面进行共享，便于其他工作人员调用模型。

本软件的框架采用 MapGIS 10 的插件式开发框架。

　　MapGIS 插件是一种在不改变系统框架结构的前提下，为完成一定功能而编写的基于 MapGIS 插件接口的可以动态装配起来运行的组件。MapGIS 提供了所有插件一起协调工作的基础运行环境，即系统框架；同时，提供了丰富的 MapGIS 插件资源，并且可以由用户自行定制插件。

　　MapGIS 提供用户两套开发思路，其一即基于 MapGIS 基础的二次开发库，在 Microsoft. NET Framework 框架上，构建用户的应用系统（一般 Winform 程序），即 Object 开发；其二同样基于 MapGIS 基础的二次开发库，在 MapGIS 插件框架上，采用"框架+插件"的模式构建应用系统，即插件式开发[1,6,7]。本软件采用后者的开发方式，将不同的软件模块开发成不同的插件。在运行时，可以用 MapGIS 10 的插件管理器打开所需插件，以便调用。这种插件式开发方式有利于代码的维护与扩展，并且可以根据实际需求，挑选出若干的框架，形成具有针对性的定制系统。

　　用户可以在数据中心设计器中，基于预置的 MapGIS 插件，采用"拖拽" MapGIS 插件的方式快速搭建起其应用系统，包括 C/S（桌面）应用、移动应用等。预置 MapGIS 插件可以反复被不同的应用系统调用，真正实现软件复用。

2.4　系统模块架构设计

2.4.1　模块组织

　　软件共分为国土开发、城市环境、耕地保护、生态环境质量、生态服务功能、辅助决策、其他 7 个专题下的 42 个软件模块，见表 2-1。

表 2-1　主体功能区规划实施评价与辅助决策模块逻辑组织

专题名称	软件模块
国土开发	国土开发强度
	国土开发聚集度
	国土开发均衡度

续表

专题名称	软件模块
城市环境	城市绿被率
	城市绿化均匀度
	城市地表温度
	城市热岛
耕地保护	耕地面积
生态环境质量	优良生态系统
	草地生态系统
	人类扰动指数
	植被绿度
生态服务功能	载畜压力指数
	水源涵养功能
	水土保持能力
	防风固沙功能
辅助决策	严格调控区县遴选
	严格调控网格遴选
	推荐开发区县遴选
	推荐开发网格遴选
	人居环境改善网格遴选
	生态治理重点区县遴选
	生态治理重点网格遴选
其他（数据预处理）	成分栅格产品
	经济社会数据网格化
	分类产品验证
	反演产品验证
其他（空间格局）	人口首位度
	工业区位商
	土地开发效率
	土地资源占用
	居民点空间密度
	城市发展潜力
	经济发展水平差异

续表

专题名称	软件模块
其他（动态变化）	经济发展速率
	植被指数变化率
	土地变化矩阵
其他（情景模拟）	GDP 情景模拟
	LUCC 情景模拟
其他（综合评价）	保护力度评价
	主体功能提升评价
	区域协调性评价

2.4.2　模块工作流设计

本软件将 23 个模块分别设计形成了 23 个 MapGIS 插件，模型的工作流框架建立在 MapGIS 10 内置的 MapGIS 工具箱的基础之上。通过流程建模，利用模型相关的特定算法，组建模型工作流。

典型的模型工作流如图 2-2 所示。

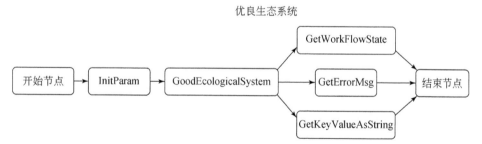

图 2-2　主体功能区规划实施评价与辅助决策典型模块工作流框架

具体节点说明如下。

1）InitParam 节点。该节点用于创建参数信息，实例化 Param 变量。

2）GoodEcologicalSystem 节点。该节点用于利用输入参数与文件通过具体的算法进行模型运算，并将结果保存到 Param 变量中。

3）GetWorkFlowState 节点。从 Param 变量中获取 WorkFlowState 参数，并向

用户输出其值。

4）GetErrorMsg 节点。从 Param 变量中获取 ErrorMsg 参数，并向用户输出其值。

5）GetKeyValueAsString 节点。利用键值对从 Param 变量中获取模型运行结果，并输出。

输出参数如表 2-2 所示。

表 2-2　输出参数描述

输出参数名称	参数类型	参数描述
ReturnResult	String	模型输出结果（输出文件位置或数值等）
WorkFlowState	Bool	工作流状态
ErrorMsg	String	错误信息（无错误时输出结果为 Null）

2.5　类库结构设计

每个模块均有两种使用方式，模型插件与模型工作流。在本软件分别为其设计类库，并分为 3 个动态链接库（DLL 文件）。动态链接库及其说明如表 2-3 所示。

表 2-3　动态链接库描述

动态链接库	说明
Igsnrr. NationalFunctionalAreas. AlgorithmLib. dll	模型工作流模型算法类库
Igsnrr. NationalFunctionalAreas. WorkFlow. dll	模型工作流封装类库
Igsnrr. NationalFunctionalAreas. Plugin. dll	模型插件类库

2.5.1　模型插件类库设计

模型插件类库均在 Igsnrr. NationalFunctionalAreas. Plugin. dll 动态链接库中，共包含 114 个类，命名空间统一为 Igsnrr. NationalFunctionalAreas. Plugin。表 2-4 是主要的 58 个类及其功能说明。

表 2-4　模型插件类库设计

类名	功能说明
RGCttMap	地图类（继承 IContentsView 类）
RGCommonUtils	通用工具类
CSVFileHelper	文件读写工具类
Maths	数学计算工具类
RGArcGISUtils	ArcGIS 工具类
RGMapGISUtils	MapGIS 工具类
RGMapControlView	地图显示窗格类
RGMBTerritorialDevelopment	国土开发专题模型菜单栏类（继承 IMenuBar 类）
RGMBCityEnvironment	城市环境专题模型菜单栏类（继承 IMenuBar 类）
RGMBFarmland	耕地保护专题模型菜单栏类（继承 IMenuBar 类）
RGMBEcoQuality	生态环境质量专题模型菜单栏类（继承 IMenuBar 类）
RGMBEcoService	生态服务功能专题模型菜单栏类（继承 IMenuBar 类）
RGMBDecisionMaking	辅助决策专题模型菜单栏类（继承 IMenuBar 类）
RGMBOthers	其他模型菜单栏类（继承 IMenuBar 类）
FrmDevelopmentIntensity2	国土开发强度计算模型类
FrmAggregationDegree	国土开发聚集度计算模型类
FrmEvenness	国土开发均衡度计算模型类
FrmVegetationGreenRate	城市绿被率计算模型类
FrmGreenEvenness	城市绿化均匀度计算模型类
FrmCityTemp	城市地表温度计算模型类
FrmHeatisland	城市热岛计算模型类
FrmFarmland	耕地面积计算模型类
FrmGoodEcologicalSystem	优良生态系统计算模型类
FrmGrassland	草地生态系统统计模型类
FrmHumanDisturbanceIndex	人类扰动指数计算模型类
FrmVegetationGreenDegree	基于单波段文件的植被绿度计算模型类
FrmVegetationGreenDegree2	基于多波段文件的植被绿度计算模型类
FrmStockingPressure	载畜压力指数计算模型类

续表

类名	功能说明
FrmWaterConservation	水源涵养功能模型类
FrmConservationOfWaterAndSoil	水土保持能力模型类
FrmSandFixation	防风固沙功能模型类
FrmDevelopmentOptimization	严格调控区县遴选模型类
FrmDevelopmentOptimizationFishnet	严格调控网格遴选模型类
FrmDevelopmentKey	推荐开发区县遴选模型类
FrmDevelopmentKeyFishnet	推荐开发网格遴选模型类
FrmEnvironment	人居环境改善网格遴选模型类
FrmEcokey2	生态治理重点区县遴选模型类
FrmEcokeyFishnet3	生态治理重点网格遴选模型类
FrmComponentialGrid	成分栅格产品统计模型类
FrmMeshing	经济社会数据网格化计算模型类
FrmClassifingVerification	分类产品验证模型类
FrmInversingVerification	反演产品验证模型类
FrmPrimacyRatio2	人口首位度模型类
FrmLocationQuotient2	工业区位商模型类
FrmDevelopmentEfficiency	土地开发效率计算模型类
FrmResourceOccupancy	土地资源占用计算模型类
FrmResidentDensity	居民点空间密度计算模型类
FrmPotentiality	城市发展潜力计算模型类
FrmEconomicDelopmentalDifference	经济发展水平差异计算模型类
FrmEconomicGrowthRate	经济发展速率计算模型类
FrmVegetationIndexChangeRate	植被指数变化率计算模型类
FrmLanduseChangeMatrix	土地变化矩阵统计模型类
FrmGDPScenariosSimulation	GDP 情景模拟模型类
FrmLUCCScenariosSimulation	LULC 情景模拟模型类
FrmProtection2	保护力度评价计算模型类
FrmFunctionPromotionIndex	主体功能提升评价计算模型类
FrmRegionalCoordination	区域协调性评价计算模型类
RGCmdExportShapeFile	矢量数据导出功能类

2.5.2　模型工作流类库设计

模型工作流类库保存在 Igsnrr. NationalFunctionalAreas. AlgorithmLib. dll 和 Igsnrr. NationalFunctionalAreas. WorkFlow. dll 两个动态链接库中。

Igsnrr. NationalFunctionalAreas. AlgorithmLib. dll 共包含 114 个类，命名空间统一为 Igsnrr. NationalFunctionalAreas. AlgorithmLib。表 2-5 是主要的 44 个类及其功能说明。

表 2-5　模型工作流类库设计

类名	功能说明
DevelopmentIntensity	国土开发强度计算模型类
AggregationDegree	国土开发聚集度计算模型类
Evenness	国土开发均衡度计算模型类
VegetationGreenRate	城市绿被率计算模型类
GreenEvenness	城市绿化均匀度计算模型类
CityTemp	城市地表温度计算模型类
Heatisland	城市热岛计算模型类
Farmland	耕地面积计算模型类
GoodEcologicalSystem	优良生态系统计算模型类
Grassland	草地生态系统统计模型类
HumanDisturbanceIndex	人类扰动指数计算模型类
VegetationGreenDegree	基于单波段文件的植被绿度计算模型类
VegetationGreenDegree2	基于多波段文件的植被绿度计算模型类
StockingPressure	载畜压力指数计算模型类
WaterConservation	水源涵养功能模型类
ConservationOfWaterAndSoil	水土保持能力模型类
SandFixation	防风固沙功能模型类
DevelopmentOptimization	严格调控区县遴选模型类
DevelopmentOptimizationFishnet	严格调控网格遴选模型类
DevelopmentKey	推荐开发区县遴选模型类

类名	功能说明
DevelopmentKeyFishnet	推荐开发网格遴选模型类
Environment	人居环境改善网格遴选模型类
Ecokey	生态治理重点区县遴选模型类
EcokeyFishnet	生态治理重点网格遴选模型类
ComponentialGrid	成分栅格产品统计模型类
Meshing	经济社会数据网格化计算模型类
ClassifingVerification	分类产品验证模型类
InversingVerification	反演产品验证模型类
PrimacyRatio	人口首位度模型类
LocationQuotient	工业区位商模型类
DevelopmentEfficiency	土地开发效率计算模型类
ResourceOccupancy	土地资源占用计算模型类
ResidentDensity	居民点空间密度计算模型类
Potentiality	城市发展潜力计算模型类
EconomicDelopmentalDifference	经济发展水平差异计算模型类
EconomicGrowthRate	经济发展速率计算模型类
VegetationIndexChangeRate	植被指数变化率计算模型类
LanduseChangeMatrix	土地变化矩阵统计模型类
GDPScenariosSimulation	GDP 情景模拟模型类
LUCCScenariosSimulation	LULC 情景模拟模型类
Protection	保护力度评价计算模型类
FunctionPromotionIndex	主体功能提升评价计算模型类
RegionalCoordination	区域协调性评价计算模型类
LicenseInitializer	ArcGIS 许可初始化组件

动态链接库 Igsnrr. NationalFunctionalAreas. WorkFlow. dll 只包含 1 个类，即 WorkFlows 类，用于封装各种模型算法类，并方便在 MapGIS 10 的工作箱中进行调用。

2.6 运行环境

2.6.1 硬件环境

本软件可运行在安装有 Windows 7（或更高版本）操作系统的 PC 机（personal computer，个人计算机）（或服务器）上，同时支持 32 位与 64 位机器。其最低配置如表 2-6 所示。

表 2-6 运行所需硬件环境

硬件	配置要求
CPU	Genuine Intel（R）CPU T2080 1.73GHz 及以上
内存	4GB 及以上
硬盘	可用空间在 120GB 及以上
显卡	显卡显存在 128MB 及以上
显示器	监视器不低于 1024×768 显示分辨率

2.6.2 软件环境

本软件运行在安装有 Microsoft. NET Framework 4.0 的 Windows 操作系统之上，可支持 32 位及 64 位操作系统，并同时依赖于 MapGIS 10 与 ArcGIS for Engine 10.1。

具体的软件依赖及其相应的版本要求如表 2-7 所示。

表 2-7 运行所需软件环境

软件	版本要求
操作系统	Microsoft Windows 系列支持 Win2000、Win Server2003（2008）、Win XP、Win Vista、Win7 等
Microsoft. NET framework	Microsoft. NET Framework 4.0 及以上
ArcGIS	ArcGIS for Desktop 10.1 及以上版本，或 ArcGIS for Engine 10.1 及以上版本
MapGIS	MapGIS 10 正式版

第 3 章　多源数据整合与时空分析 关键模型方法

本章应用经济地理学传统理论和方法，结合遥感与地理信息技术，研究和开发相关模型方法，实现多源、多类型数据的空间整合、空间格局分析、时间动态分析、情景预测以及综合评估。

3.1　数据空间化与精度评估模型方法

依据遥感和地理信息系统基本理论与方法，在 GIS 空间分析和空间统计功能支持下，实现传统矢量数据模型向栅格数据模型的高精度转换，实现经济社会数据向地理空间数据的转换，实现遥感分类产品精度的快速评估。

3.1.1　成分栅格数据模型方法

栅格数据是地理学研究中最基本的数据格式之一。简单栅格数据模型在空间分析过程中具有速度快、效率高的特点，但也存在降低了原始矢量数据精度的缺点。因此，基于栅格数据发展而来的成分栅格数据模型得以发明建立。成分栅格数据模型在土地利用格局演替、土地利用结构变化模拟等领域具有重要作用[8]。

在技术实现上，成分栅格数据可用如下向量集的形式表达：

$$S = \left\{ (s_1, \ s_2, \ \cdots, \ s_m)^{\mathrm{T}} \in R^m \ \middle| \ \sum_{i=1}^{m} s_i = 1, \ 0 < s_i < 1 \right\}$$

$$s_i = S_i \Big/ \sum_{j=1}^{m} S_j$$

式中，m 表示成分栅格数据包含的分量个数；s_i 表示成分栅格数据的第 i 个分量；S_i 表示第 i 个分量的原始观测值，如耕地面积、建设用地面积等；R 表示数据集。

成分栅格数据即是基于一定尺度栅格建立的成分数据。较一般意义上的成分数据，成分栅格数据还需满足以下条件：

$$\sum_{i=1}^{m} s_i = 1, \ 0 < s_i < 1$$

$$\sum_{i=1}^{m} S_i = \Omega$$

式中，Ω 为常数，表示栅格面积。

具体输入数据等操作说明如下。

1）输入数据：土地利用与土地覆被数据。

2）输出数据：土地利用与土地覆被类型的百分成分栅格数据。

3）处理流程：应用网格数据，对土地数据中的全部土地类型，逐网格地统计每一种土地类型的总面积，并将该总面积与网格总面积相比，得到其比率（百分成分）。

3.1.2 经济社会数据网格化方法

人口、国内生产总值（GDP）等社会经济数据传统上是以行政区为基本单元，通过普查、抽样统计等方式，经过逐级汇总后最终形成二维表格；这些数据在计算机系统中通常存储为关系型数据库。传统的社会经济统计数据具有强烈的法律属性，并以严谨的统计学理论和严格的方法论为支撑，具有权威、全面、准确、规范等特点。但也存在一些不足：①时间分辨率低、更新周期长。②空间分辨率低，调查单元不稳定、不规则，多以省区、地级市为统计单元。③直观性差，无法以可视化形式展现社会经济要素的空间分布形态及其发展规律和发展态势。④不支持空间运算和分析，不利于挖掘社会经济运行中的深层次规律和问题。随着空间信息技术（地理信息系统技术和遥感技术）的快速发展，研究人员逐渐提出了社会经济数据的空间化和网格化研究[9,10]。

人口及经济数据具体的空间离散主要步骤如下：①空间数据的地理匹配；②空间数据的代码匹配；③业务数据（社会经济数据）的逻辑检查与生产；④空间数据的栅格化。

1）空间数据的地理匹配。由不同数据提供源提供的空间数据相互之间在空间上不能完全匹配起来，主要存在的问题如下：①各类空间数据的坐标系统不一致，这种不一致主要体现在投影方式的不一致；②各类空间数据所提供的中国地图在外部边界、内部省、县（市）界上，以及中国沿海岛屿的精度上略有不同。

为保证社会经济数据的空间离散和空间统计的精度，需要解决以上两个方面的问题。方法如下：①使用 Arc Info 的地图投影转换工具进行转换，将所有数据均转为北京 1954 坐标系，投影系统为 Albers 投影，双标准纬线分别为 25°和47°；②对各类空间数据进行检查，通过相互参照方法，排除空间错误后，进行空间叠加，取得各类空间数据叠加的交集数据，最后以该交集数据作为以后各步数据处理的统一底图数据。

2）空间数据的代码匹配。由不同数据提供源提供的空间数据在表征同一地理对象［如省区、地级市、县（或县级市）］时使用了不同类型、长度的代码，或者是部分空间数据的代码的现实性不足，已经不能正确反映高分主体功能区规划实施效果评价与辅助决策技术研究项目要求的 2000 年现状代码，因此做如下工作：①分别使用民政部公布的标准代码将空间数据以及业务数据中的相关代码统一起来；②使用 Arc Info 的连接命令，将空间数据代码与业务数据的代码连接起来。

3）业务数据（社会经济数据）的逻辑检查与生产。针对业务数据内部存在的数量关系进行复查，或者是利用这种数量关系，生成部分社会经济指标项。主要检查如下：①人口总量与人口结构间的加和关系；②GDP 与第一产业、第二产业、第三产业之间的加和关系；③第二产业增加值与工业增加值、建筑业增加值之间的加和关系；④工业增加值与 10 个行业数据、规模下数据之间的加和关系；⑤以上各类数据省级总量数据与地市级总和，或县市级总和数据之间的加和关系。

4）空间数据的栅格化。根据地理信息系统的技术要求，所有的空间分析（包括空间离散和空间统计）都是基于栅格数据的，又因为社会经济空间离散模型中需要各输入变量模型的反距离权重数据，因此使用了 Arc Info 提供的相关栅格化命令对以上空间数据进行了初步处理。

具体输入数据等操作如下。

1）输入数据：人口、经济、工业部门增加值等表格数据，分析尺度。

2）输出数据：人口、经济、工业部门增加值的空间分布数据。

3）处理流程：在模型支持下，开展数据的空间连接，依据用户指定的分析尺度，对指标数据进行空间离散。

3.1.3 遥感分类产品精度评估方法

遥感分类产品是一类重要的遥感应用产品，也可称为离散型遥感产品。遥感分类产品描述的对象通常具有明确实体边界；针对这些实体对象，多使用标称、序数、间隔或比率值等方式来表示。典型的遥感分类产品有遥感地形地貌产品、遥感土地覆被/土地利用产品、遥感土壤类型产品等。

遥感分类产品的精度检验是指，将遥感分类产品与参考数据（通常是地面观测值）进行对比分析，评估遥感分类产品的精确性/不确定性。精度检验对于遥感分类产品的应用至关重要；未经精度检验的遥感分类产品，其科学性和应用能力大为减弱。从精度检验种类上说，精度检验可以分为直接检验、间接检验、交叉检验三类；其中，基于地面采样和实测数据的直接检验是最直接，也是最客观、最有效的方法。

当前业界针对遥感分类产品的精度检验方法和技术流程存在不足与缺陷，主要如下：①遥感分类产品精度检验过程不规范。②遥感分类产品精度检验效率低下，天–地结合水平、内–外业结合水平很低，工作效率低下。③遥感分类产品精度检验成果不系统。

遥感分类产品的精度检验，其核心是计算混淆矩阵（confusion matrix）、错分误差、漏分误差、用户精度与制图精度，并最终得到总体分类精度。

以 LULC 数据为例，遥感分类产品精度检验过程如下。

1）获取遥感解译产品：LUCC2010。其形式为 Geotif 文件。

2）获取基于移动终端的 LULC 地面验证点，假设共获取 Total 个地面验证点。这些点信息都是认为是真实、可靠的。

3）根据地面验证点信息，提取相应的遥感产品中的信息；两者形成混淆矩阵。形式如表 3-1 所示。

表 3-1 混淆矩阵

项目		Tab1（参考数据，即地面真实数据）					合计
		A	B	C	……	N	
Tab2（待评价数据，即遥感产品提取的点信息）	A	L11	L12	L13	……	L1N	R1
	B	L21	L22	L23	……	L2N	R2
	C	L31	L32	L33	……	L3N	R3
	……	……	……	……	……	……	……
合计		C1	C2	C3			Total

表3-1 中，列表示地面真实数据，行表示遥感数据。L11 表示两个数据集中，均分为 A 类型的点的个数；L12 表示地面验证数据显示为 B 类型，但是遥感产品显示为 A 类型的点的个数；L21 表示地面验证数据显示为 A 类型，但是遥感产品显示为 B 类型的点的个数；R1 表示同一行上所有数值的加和，它实际上是指遥感产品中类型为 A 的全部点的个数，C1 表示同一列上所有数值的加和，它实际上是指地面验证点数据集中类型为 A 的全部点的个数；Total，是 R1、R2······的加和，同时也是 C1、C2······的加和，它实际上就是全部真实地面样点，或者说是全部遥感产品上提取的待评估样点的数量。

4）计算如下 5 个指标。具体含义及其公式如下。

错分误差/包含误差（comission error，CE）：不该属于某类别的像元被分成该类别，由此导致的误差。它是该类别所在行的非对角线元素之和除以该行总和。

漏分误差/丢失误差（omission error，OE）：应该属于某一类别的像元却未被分成该类别，由此导致的误差。它是该类别所在列的非对角线元素之和除以该列的总和。

用户精度（user's accuracy，UA）：正确分类的该类个数除以分为该类的采样个数（即行的总和），在数值上等于 1–CE。

制图精度/生产者精度（producer's accuracy，PA）：某一个类别中分类的个数除以该类的总采样个数（即列的总和），在数值上等于 1–OE。

总体精度（overall accuracy，OA）：误差矩阵内主对角线元素之和（正确分类的个数）除以总的采样个数。

$$CE = \frac{L12 + L13 + \cdots + L1n}{R1} \times 100\%$$

$$OE = \frac{L21 + L31 + \cdots + Ln1}{C1} \times 100\%$$

$$UA = 1 - CE$$

$$PA = 1 - OE$$

$$OA = \frac{L11 + L22 + L33 + \cdots + Lnn}{Total} \times 100\%$$

3.1.4　遥感数值产品精度评估方法

遥感数值产品是一类重要的遥感应用产品，也可称为定量遥感产品、连续型遥感产品等。遥感数值产品描述的对象通常没有明确实体边界；遥感数值产品多使用连续数值等方式来表示。其数值具有明确的物理意义，数值本身也是连续的，数值的高低意味着不同的能力，但是不代表物理化学性质的变化。典型的遥感数值产品有 DEM、NDVI、NPP 等产品。

遥感数值产品的精度检验是指，将遥感数值产品与参考数据（通常是地面观测值）进行对比分析，评估遥感数值产品的精确性/不确定性。精度检验对于遥感数值产品的应用至关重要；未经精度检验的遥感数值产品，其科学性和应用能力大为减弱。从精度检验种类上说，精度检验可以分为直接检验、间接检验、交叉检验三类；其中，基于地面采样和实测数据的直接检验是最直接，也是最客观、最有效的方法。

当前业界针对遥感数值产品的精度检验方法和技术流程存在不足与缺陷，主要如下：①遥感数值产品精度检验过程不规范。②遥感数值产品精度检验效率低下，天–地结合水平、内–外业结合水平很低，工作效率低下。③遥感数值产品精度检验成果不系统。

遥感数值产品的精度检验，一般应用常规统计方法，计算相关系数、均方根误差（root mean square error，RMSE）、估算精度（estimate accuracy，EA）等来对高分影像获取的栅格进行精度评价。

以植被覆盖度产品（vegetation coverage，VC）为例，遥感数值产品精度检验过程如下。

1）获取遥感解译产品：VC2010。其形式为 Geotif 文件。

2）获取基于移动终端的 VC 地面验证点，假设共获取 Total 个地面验证点。这些点信息都被认为是真实、可靠的。

3）根据地面验证点数据提取相应的遥感产品中的信息，即遥感产品上呈现的植被覆盖度。

4）将地面验证点数据与遥感产品提取点数据配对，制作散点图、开展线性拟合。具体做法是，以地面验证点为横坐标，以遥感产品提取点为纵坐标，制作散点图。同时开展线性拟合，计算拟合参数（线性拟合公式、决定系数）记在图上。

5）计算如下 2 个精度评估参数。

均方根误差：

$$RMSE = \sqrt{\frac{\sum_{i=1}^{n}(VCY_i - VCX_i)^2}{n}}$$

估算精度：

$$EA = \left(1 - \frac{RMSE}{Mean}\right) \times 100\%$$

式中，Mean 表示现场观测值的均值；VCY 是指原植被覆盖度；VCX 为降尺度后的植被覆盖度。

3.2 空间格局模型方法

依据经济地理学的基本原理和方法，在 GIS 空间分析和空间统计功能支持下，实现对监测要素空间分布格局、空间分异规律信息的提取。空间格局分析中应用的模型方法有首位度模型、区位商模型、经济发展水平差异模型、土地开发效率模型、土地资源占用模型、空间密度模型、潜力模型等。

3.2.1 首位度模型

传统上首位度是指区域内首位城市与第二位城市的城镇人口之比。首位度可以反映区域内不同规模城市的差异程度[11]。公式为

$$P = \frac{R_1}{R_2}$$

式中，P 表示首位度；R_1 表示首位城市城镇人口；R_2 表示第二位城市城镇人口。一般来说，经济不发达地区由于城镇化水平低，城镇数量少，人口和产业集中于首位城市，因此城市首位度相应较高；而与上述情况相反，在经济发达国家或地区，城市首位度值一般相对较低；当然，面积较小的发达国家也有例外。

首位度的概念可以被进一步扩展。首先，首位度不仅可以被用于衡量地区的人口，也可以用于分析特定工业部门的产量、产值、就业人口等指标。其次，利

用地理信息系统技术，可以将传统首位度模型中的研究区域缩放到不同尺度并开展对比分析；既可以在全省、全国，甚至全球开展分析，也可以在非行政单元的自然地域，即以某一特定城市为中心的、固定研究半径的区域（具体如定义为方圆 100km、方圆 500km 等）开展分析。

具体输入数据等操作如下。

1）输入数据：人口、经济、工业部门增加值等表格数据，分析尺度。

2）输出数据：人口、经济、工业部门增加值的首位度空间分布数据。

3）处理流程：在 GIS 空间分析模块支持下，依据用户指定的分析半径，依据首位度公式，逐一计算各个对象（行政区）的首位度。

3.2.2　区位商模型

区位商又称为专门化率，传统上它是指区域某特定工业部门在全国该特定工业部门的比例与该区整个工业占全国工业的比例的比值[12]。区位商计算的具体公式为

$$Q = \frac{\dfrac{a}{A}}{\dfrac{b}{B}}$$

式中，Q 表示区位商；a 表示特定工业部门的产量、产值或就业人口等；A 表示全国该工业部门的产量、产值、就业人口等指标；b 表示该地区全部工业产量、产值、就业人口等指标；B 表示全国工业产量、产值、就业人口等指标。通过计算区域的区位商，可找出该地区在全国具有一定地位的专门化部门；Q 值越大，说明其专门化率越高，城市对该部门的依赖性越强。

区位商的概念可以被进一步扩展。首先，区位商不仅可以被用于衡量特定工业部门的产量、产值、就业人口等指标，还可以用于诸如工农业人口、第一产业、第二产业、第三产业等其他经济社会指标。其次，利用地理信息系统技术，可以将传统区位商模型中的研究区域缩放到不同尺度并开展对比分析；既可以在全省、全国，甚至全球开展分析，也可以在非行政单元的自然地域，即以某一特定城市为中心的、固定研究半径的区域（具体如定义为方圆 100km、方圆 500km 等）开展分析。

具体输入数据等操作如下。

1）输入数据：工业部门增加值等表格数据，分析尺度。

2）输出数据：工业部门增加值的区位商空间分布数据。

3）处理流程：在 GIS 空间分析模块支持下，依据用户指定的分析半径，依据区位商公式，逐一计算各个对象（行政区）的区位商。

3.2.3 经济发展水平差异模型

标准差（standard deviation），用 σ 表示，能反映一个数据集的离散程度[13]。中文环境中又常称均方差。在概率统计中最常作为统计分布程度（statistical dispersion）上的测量。

标准差定义是总体各单位标准值与其平均数离差平方和的算术平均数的平方根。它反映组内个体间的离散程度。测量到分布程度的结果，为非负数值，且与测量资料具有相同单位。

$$\sigma = \sqrt{\frac{1}{N}\sum_{i=1}^{N}(x_i - \mu)^2}$$

式中，x_i 为样本 i 的数据值；μ 为 x_i 的平均值；N 为样本数。

简单来说，标准差是一组数据平均值分散程度的一种度量。一个较大的标准差，代表大部分数值和其平均值之间差异较大；一个较小的标准差，代表这些数值较接近平均值。

经济发展水平差异，就是通过计算某一地区各个行政区 GDP 的方差，来表现该地区的经济发展水平的差异性。

具体输入数据等操作如下。

1）输入数据：某地区行政区划数据（包含 GDP 字段）。

2）输出数据：输入地区范围的经济发展水平差异数据。

3）处理流程：根据 3 个以上的 GDP 数据项，计算其标准差。

3.2.4 土地开发效率模型

效率分析衡量单位土地或单位人口所产出的效益。效率分析以土地总面积（或者某种特定土地总面积，或其他资源，如水资源）或者以人口总数（或特定职业人口总数）为基准，汇总由这些土地以及人员形成的经济社会收益，由此得到单位土地、单位人员的经济社会效益。

具体输入数据等操作如下。

1）输入数据：区域资源总量、区域效益总量。

2）输出数据：单位资源形成的效益。

3）处理流程：在 GIS 空间分析模块支持下，计算单位资源上的效益，并进行适当的空间平滑处理。

3.2.5　土地资源占用模型

资源占用分析则是效率分析的另一面，它在数值上等于效率分析数值的倒数。资源占用分析以经济社会效益（如产生的经济总量、GDP、部门增加值等）为基准，汇总产生这些经济社会效益所需的土地面积（或者某种特定土地总面积，或其他资源，如水资源、人力资源），由此得到单位经济效益上的土地、水源、人员等的消耗和占用[14]。

具体输入数据等操作如下。

1）输入数据：区域资源总量、区域效益总量。

2）输出数据：单位效益所需的资源。

3）处理流程：在 GIS 空间分析模块支持下，计算单位效益上的资源，并进行适当的空间平滑处理。

3.2.6　空间密度模型

空间密度分析中，Kernel Density（核密度）分析是计算离散要素（点、线）在区域的分布情况的方法[15]。该方法以每个待计算网格点为中心，通过设定半径的圆搜索其余各网格点的密度值。从本质上看，Kernel Density 分析是一个通过离散采样点进行表面内插后，生成一个具有连续等值线密度表面的过程。通过空间密度分析，可以鉴别空间面域上的点、轴。

具体输入数据等操作如下。

1）输入数据：任意点对象（如城镇居民点），分析半径。

2）输出数据：点对象空间分布密度。

3）处理流程：在 GIS 空间分析模块支持下，依据用户指定的分析半径，计算单位面积内目标点的空间分布密度，并进行适当的空间平滑处理。

3.2.7 潜力模型

潜力模型是经济地理学的基本模型之一[16]。最早是由哈里斯（C. D. Harris）对美国各地区的市场的可进入性进行预测时提出的[17]。市场潜力模型如下：

$$M_i = \sum_j p_j f(d_{ij})$$

式中，M_i 表示 i 地区的市场潜力；p_j 表示 j 地区的购买力；d_{ij} 表示 i 地区至 j 地区的距离；f 表示距离的衰减函数。

由于购买力指标相对来说较为抽象、数据难以获得，通常基于该模型计算其他经济社会指标潜力，如将购买力指标替换成人口、GDP 以及人均 GDP 等。并且，还可以进一步将多种指标结合起来，形成一个综合的潜力指数。例如，将人口和 GDP 结合起来，形成城市发展潜力。其公式如下：

$$M_i = w_p \sum_j p_j f(d_{ij}) + w_e \sum_j e_j f(d_{ij})$$

式中，w_p 和 w_e 分别表示人口潜力值和经济潜力值所在的权重；e_j 表示信息熵值。

具体输入数据等操作如下。

1）输入数据：人口、GDP、工业部门增加值等表格数据，分析尺度。

2）输出数据：人口、GDP、工业部门的空间潜力分布数据。

3）处理流程：在 GIS 空间分析模块支持下，依据经济地理学中经典的空间潜力模型，逐一计算空间各个格点上的潜力。

3.3 动态变化模型方法

在 GIS 空间分析和空间统计功能支持下，实现对监测要素整体或逐像素的时间动态变化分析。动态变化分析中应用的方法有标准差分析方法、变化速率方法、线性拟合方法、转移矩阵方法；由这些基本方法进一步形成经济发展速率模型、植被指数变化率模型、土地变化矩阵模型等。

3.3.1 经济发展速率模型

变化速率，即速度（增速），是物理学（经济学）中的一个基本指标，用来表示物体运动的快慢程度。

在物理学领域中，速度是指物体运动的快慢，即速率是速度的大小或等价于路程的变化率。它是运动物体经过的路程 Δs 和通过这一路程所用时间 Δt 的比值，即 (s_1-s_0) / (t_1-t_0)，$v=s/t$。在经济学领域中，通常使用 GDP 增长速率、人口变化速率、资源消耗速率等，用来描述经济指标、环境指标的变化状况。在地理学领域中，有土壤呼吸速率、生态系统固碳速率等概念。

经济发展速率，就是对某一特定区域分地区计算 GDP 的年际发展速率，形成经济发展速率专题图。

具体输入数据等操作如下。

1）输入数据：某地区行政区边界数据（包含任意两年的 GDP 统计字段）。

2）输出数据：输入地区范围的经济发展速率专题图。

3）处理流程：根据两组不同时间节点上的 GDP，并利用其时间信息，计算得到速率信息。

3.3.2　植被指数变化率模型

在地理学、生态学研究中，对于多年连续时间序列数据，一般不能简单采用两个时间断面上的数据进行简单的大小对比、变化速率分析，而是需要应用线性拟合方法，计算变量随时间变化的动态规律。

线性回归（linear regression）是利用称为线性回归方程的最小平方函数对一个或多个自变量和因变量之间关系进行建模的一种回归分析。这种函数是一个或多个称为回归系数的模型参数的线性组合。只有一个自变量的情况称为简单回归，大于一个自变量的情况称为多元回归。线性回归模型经常用最小二乘逼近来拟合，但它们也可能用别的方法来拟合，如在一些其他规范里（如最小绝对误差回归）用最小化"拟合缺陷"，或者在桥回归中用最小二乘损失函数的方法。

植被指数变化率，就是利用线性回归刻画特定地区每个栅格上的多年植被指数的变化情况。

具体输入数据等操作如下。

1）输入数据：至少三年的 NDVI 数据。

2）输出数据：输入地区范围的植被指数变化率数据。

3）处理算法：基于最小二乘法的线性拟合。

3.3.3 土地变化矩阵模型

变化矩阵（transition matrix），来源于系统分析中对系统状态与状态转移的定量描述。

土地变化矩阵中，行表示 T_1 时点土地利用类型，列表示 T_2 时点土地利用类型。P_{ij} 表示土地类型 i 转换为土地类型 j 的面积占土地总面积的比例。根据历史土地变化矩阵，可以预测其将来变化态势。

具体输入数据等操作如下。

1）输入数据：某地区变化前土地利用数据，某地区变化后土地利用数据。

2）输出数据：输入地区范围的两年间的土地变化矩阵。

3）处理算法：空间统计、矩阵分析。

3.4 情景模拟模型方法

基于宏观经济社会及自然地域系统运行的基本原理和规律，应用系统工程、计算机数值模拟等方法，开展对主体功能区关键要素未来发展态势的分析、预测[18]。情景模拟可以应用的模型方法有趋势外推方法[19]、元胞自动机（cellular automaton，CA）方法[20,21]、多主体建模（agent based simulation，ABS）方法[22,23]；基于上述方法结合本研究实际，形成了基于趋势外推的 GDP 情景预测方法、基于 ABS 的土地利用情景模拟方法。

本模块模型方法将产生主体功能区关键经济社会要素、土地等要素的未来情景模拟。

3.4.1 基于趋势外推的 GDP 情景预测方法

趋势外推法是在对研究对象过去和现在的发展进行了全面分析之后，利用某种模型描述某一参数的变化规律，然后以此规律进行外推。

趋势外推法的基本假设是未来系过去和现在连续发展的结果；决定事物过去发展的因素，在很大程度上也决定该事物未来的发展，其变化不会太大；事物发展过程一般都是渐进式的变化，而不是跳跃式的变化。掌握事物的发展规律，依据这种规律推导，就可以预测出它的未来趋势和状态。应用趋势外推法进行预测，主要包括以下 6 个步骤：①选择预测参数；②收集必要的数据；③拟合曲线；④趋势外推；⑤预测说明；⑥研究预测结果在制订规划和决策中的应用。

趋势外推中，常常会用到一些函数模型，如线性模型、指数曲线、生长曲线、包络曲线等。

具体输入数据等操作如下。

1）输入数据：待预测指标的历史数据，指定预测年份。

2）输出数据：指定预测年份的人口、经济数据。

3）处理流程：根据历史数据，选择合适的线性回归模型、非线性回归模型开展拟合，根据拟合得到的模型，进一步预测待预测年份的数据值。

3.4.2　基于 ABS 的土地利用情景模拟方法

多主体模型采用"自下而上"的建模方法，因此构建微观主体的行为规则对基于主体的模型非常重要[24]。如果模型中主体的行为过于简单，则无法真实表征现实社会的重要变化特征；如果主体的行为机制太复杂，则会影响模型的运行效率，甚至导致模型校正等工作难以完成。土地系统是一个"人-地"耦合系统。基于主体的土地利用模型一般由两个部分组成，即模型的社会经济、自然环境等构成的模拟环境与各种自主决策、相互作用的主体，分别对应土地利用系统中的"地"和"人"两个方面。模拟环境由与主体决策过程、行为密切相关的自然环境、社会环境等因素构成。区域的坡度、海拔、交通、行政区划、土地利用状态等因素对土地利用变化有重要的影响，因而这些因素都被当成模拟环境的一部分，以栅格数据格式构成相应的图层。在这些因素中，坡度、海拔等因素变化较少，在模拟中看成常量；交通干线则是在不同时期有明显的差异，因此需要根据其历史变化进行更新。

本模型中的模拟环境由均匀的栅格地块构成，相关空间数据被转换成对应的栅格格式进而导入模型中，形成区域土地利用变化的模拟空间。其中，交通干线数据使用距离栅格，避免了在模拟过程中重复计算各个栅格到交通干线距离的工作，有助于提高模型的运行效率（图3-1）。

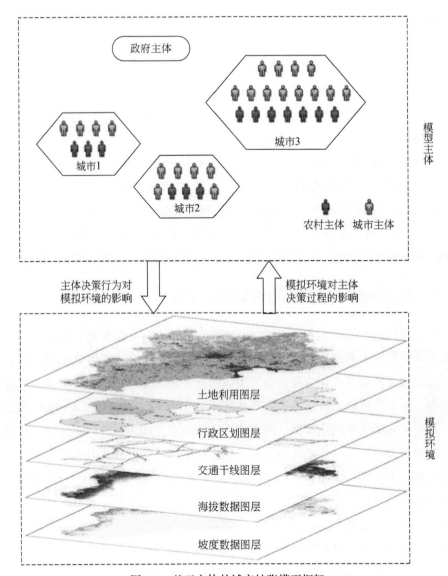

图 3-1　基于主体的城市扩张模型框架

多主体模型起源于复杂适应系统理论与分布式人工智能，理论强调自下而上的思想，它宏观上强调主体与周围环境及主体间的相互作用是由主体组成的系统不断演变或进化；微观则强调主体可以通过与环境及其他主体的非线性交互作用，学习经验并固化在自己以后的行为方式中，以得到更好的生存和发展。

本次研究中模型主要主体包括与土地利用变化密切相关的利益相关者、决策者和实施者，包括城市主体、农村主体和政府主体三种类型。单个城市主体、农村主体分别代表一定数量的实际城市人口、农村人口，二者都需要在某一地块上定居。一个地块上可以有多个主体，但单个地块只能承载一定数量的主体，这个上限与地块的地形、交通条件相关。同时由于不同城市间的发展存在较为明显的差异，因此依据行政区划将整个区域划分为 13 个城市进行模拟。模型中的城市主体与农村主体均隶属于某一城市，表现城市人口规模变化的宏观特征。为了体现城市主体与农村主体的个体差异，这两类主体均添加了一个适应能力值，主体的适应能力值会影响主体的决策及行为能力。且在模拟过程中，城市主体与农村主体的主要决策与行为规则明显不同。

主体的增长机制采用 Logistic 模型的方程：

$$\hat{y} = \frac{K}{1 + \alpha\,e^{-\beta t}}, \ \alpha,\ \beta > 0$$

式中，t 表示时间；K、α、β 表示三个待定参数。Logistic 模型描述了一个先加速增长，再减速趋于极限值 K 的 S 形增长过程，其拐点坐标为 $\left(\dfrac{\ln\alpha}{\beta},\ \dfrac{K}{2}\right)$。在求解时，一般将 K 看成固定常数，将通过对数变换转化线性形式：

$$\ln\left(\frac{K}{\hat{y}} - 1\right) = \ln(\alpha) - \beta t$$

最后通过最小二乘回归计算得到 α 值和 β 值。K 值通过最小误差搜索法来确定：由于 K 值是人口增长的上限，必然大于现有的常住人口，故以人口的最大值为初始值迭代计算，最终取使最小二乘回归的 R^2 系数最大的 K 值作为拟合最优的 K 值。

具体输入数据等操作如下。

1）输入数据：多期次土地利用数据，基础地理数据，相关经济社会数据，发展目标规划，土地流转演变调查数据。

2）输出数据：预测的土地利用空间分布数据。

3）处理流程：运用多期次的土地利用数据，结合基础地理、经济社会、实地调查等数据，构建基于 ABS 的土地动态演变模型；根据区域发展目标规划，设定不同的发展情景，模拟得到相应情景下的土地利用与土地覆被空间分布结果。

3.5　综合指数评价模型方法

在系统论指导和计算机辅助决策技术支持下，对国家级主体功能区的综合发展情况开展综合评价[25]。在综合评价中，由于要对不同指标因子进行综合的、集成评估，因此，指标权重的确定对于评估结果具有关键作用[26]。指标权重确定方法可以分为主观赋权法和客观赋权法两大类。其中，主观赋权法主要就是指专家打分赋权，客观赋权法则是将原始数据通过统计计算形成权重，具体方法有专家打分赋权方法、均方差赋权方法、层次分析赋权方法[27]等。运用上述权重确定方法，可以进一步形成保护力度指数、主体功能提升指数、区域协调性指数等模型方法。

3.5.1　评估要素权重赋值方法

(1) 专家打分赋权方法

该方法将相关的影响因素按其相对重要性排队，而后由专家根据自身经验给出反映各因素重要性的权重值；然后对每一要素内部再进行分析，对其内部的各因子继续进行重要性排队、打分；最后系统进行复合，得出排序结果。其数学表达式为

$$G_p = W_i C_{ip}$$

式中，G_p 表示 p 点的最终复合结果值；W_i 表示第 i 个要素的权重；C_{ip} 表示第 i 个要素在 p 点的类别的专家打分分值。

在地理信息系统的支持下，专家打分模型可分两步实现。第一步，打分：用户首先在每个要素类的属性表里增加一个数据项，填入专家赋给的相应的分值。第二步，复合：调用加权复合程序，根据用户对各个要素类所给的权重值进行叠加，得到最后的结果。

具体输入数据等操作如下。

1) 输入数据：主体功能区规划监测要素。

2) 输出数据：综合评分。

3) 处理流程：选择特定的主体功能区，根据主体功能规划性质，确定监测

评价要素；依据本领域专家知识，确定各种要素的重要性；在对各种监测评价要素进行必要的归一化处理后，结合权重值，应用加权复合方法，得到主体功能区发展效果评分。

（2）均方差赋权方法

均方差赋权方法是在对监测要素值域分布状况进行统计的基础上，对于那些要素属性变化大、类型复杂的要素予以重点关注，而将那些类型简单、变化小的要素放在次要的地位[28]。其具体方法如下。

1）要素层指标数据归一化：

$$Z_{kij} = \frac{y_{kij} - y_{ki\_min}}{y_{ki\_max} - y_{ki\_min}}$$

式中，Z_{kij} 表示调控层 k 内、地区 j 上、指标 i 的归一化值；y_{kij} 表示指标年鉴值；y_{ki_max} 和 y_{ki_min} 分别表示评估时段内、全部参评地区、调控层 k 内、指标 i 的年鉴数据最大值、最小值。

2）要素层指标权重系数计算：

$$\sigma(B_{ki}) = \sqrt{\frac{1}{m} \sum_{j=1}^{m} \left[Z_{kij} - E(Z_{ki}) \right]^2}$$

$$W(B_{ki}) = \frac{\sigma(B_{ki})}{\sum_{ki} \sigma(B_{ki})}$$

式中，$\sigma(B_{ki})$ 表示调控层 k 内、指标 i 的均方差；Z_{kij} 表示调控层 k 内、地区 j 上、指标 i 的归一化值；$E(Z_{ki})$ 表示特定评估时段、调控层 k 内、指标 i 的地区均值；j 表示参加评估的地区，共 m 个；$W(B_{ki})$ 表示调控层 k 内、指标 i 的权重。

3）调控层指标评分的计算：

$$Z_{kj} = \sum_{kj} W(B_{ki}) Z_{kij}$$

式中，Z_{kj} 表示调控层指标 k 在地区 j 上的评分；$W(B_{ki})$ 表示调控层 k 内、指标 i 的权重；Z_{kij} 表示调控层 k 内、地区 j 上、指标 i 的归一化值。

具体输入数据等操作如下。

1）输入数据：主体功能区规划监测要素。

2）输出数据：综合评分。

3）处理流程：选择特定的主体功能区，根据主体功能规划性质，确定监测评价要素；依据各指标要素值域的分布和均方差大小，确定要素的重要性；在对各种监测评价要素进行必要的归一化处理后，结合权重值，应用加权复合方法，得到主体功能区发展效果评分。

（3）层次分析赋权方法

层次分析赋权方法是将与决策总是有关的元素分解成目标、准则、方案等层次，在此基础之上进行定性和定量分析的决策方法[29]。该方法是美国运筹学家匹兹堡大学教授萨蒂于 20 世纪 70 年代初，在为美国国防部研究课题时，应用网络系统理论和多目标综合评价方法，提出的一种层次权重决策分析方法。

层次分析赋权方法应用的基本步骤如下：①建立层次结构模型；②构造成对比较矩阵；③计算权向量并进行一致性检验；④计算组合权向量并进行组合一致性检验。

具体输入数据等操作如下。

1）输入数据：主体功能区规划监测要素。

2）输出数据：综合评分。

3）处理流程：选择特定的主体功能区，根据主体功能规划性质，确定监测评价要素；依据本领域专家知识，确定各种要素的重要性；依据层次分析赋权方法，构造成对比较矩阵，计算权向量并进行一致性检验，并由此进一步对权向量进行调整、组合；在对各种监测评价要素进行必要的归一化处理后，结合调整后的权重值，应用加权复合方法，得到主体功能区发展效果评分。

3.5.2 保护力度指数模型

对国土空间的保护，主要是要在生态保护地区、农产品主产区以及各类国家公园等地区，维持区域的生态系统或土地利用类型的结构、质量、服务基本不变，或者向好的方向发展，同时，维持或尽量减少人类对这一地区的扰动强度。

对国土空间保护力度的评价从两个方面进行，首先是评价国土保护的现实效果，从生态系统的结构方面来衡量；其次是考虑国土空间保护的实际强度，即从人类对生态系统的干扰能力方面衡量。

具体输入数据等操作如下。

1）输入数据：主体功能区规划监测要素。

2）输出数据：综合评分。

3）处理流程：选择特定的主体功能区，根据主体功能规划性质，确定监测要素、权重确定方法。

3.5.3 主体功能提升指数模型

主体功能提升的目标就是"三升二降"，即针对本地区生态系统健康状况、生态服务功能、载畜压力指数、城乡收入比、农牧民纯收入 5 个要素开展评价。

重点生态功能区，其规划重点是生态服务功能维持和提升，同时兼顾社会公平。考虑研究区自然环境和经济社会发展特点，本研究重点评价生态系统健康状况、生态服务功能、载畜压力指数、城乡收入比、农牧民纯收入 5 个要素。如果指数上升，说明重点生态功能区在保护了区域生态的同时，维持和提高了当地人民的福祉。反过来，如果指数下降，这表明该地区生态系统健康状况变差，生态系统服务能力降低，载畜压力提高，城乡差距和当地人民生活未得到改善，此时急需预警、追因。

具体输入数据等操作如下。

1）输入数据：主体功能区规划监测要素。

2）输出数据：综合评分。

3）处理流程：选择特定的主体功能区，根据主体功能规划性质，确定监测要素、权重确定方法。

3.5.4 区域协调性指数模型

区域协调性评价的目标为评价某地区是否按照人口、经济、资源环境相协调以及统筹城乡发展、统筹区域发展的要求进行开发，是否促进了人口、经济、资源环境的空间均衡。

区域发展空间均衡模型的基本原理就是，标识任何区域（R_i）综合发展状态的人均水平值（D_i）总是各地区大体相等的。在综合考虑数据支撑能力的情况下，可以使用人均水平的 GDP、交通覆盖度、生态脆弱度指标分别代表经济、社会、生态环境三个方面的状态，并构建相关模型进行评估。

依据 GDP 密度产品、人口密度产品，提取多个县域单元的人均 GDP，计算其均值、方差等参数。同样，依据交通优势度产品、人口密度产品，提取人均交通优势度，计算其均值、方差等参数；依据 LULC 产品、人口密度产品，提取人均优良生态系统面积，计算其均值、方差等参数。在此基础上，依据区域协调性指数模型，计算区域协调性指数。

对区域协调性指数进行评判，如果指数上升，表明不同区域经济社会发展与资源环境承载力之间的关系，较基准年更加适宜；如果指数下降，则表明不同区域经济社会发展与资源环境承载力之间的关系，较基准年更加不协调。

具体输入数据等操作如下。

1）输入数据：主体功能区规划监测要素。

2）输出数据：综合评分。

3）处理流程：选择特定的主体功能区，根据主体功能规划性质，确定监测要素、权重确定方法。

第4章　规划实施评价和辅助决策关键模型方法

4.1　规划实施评价指标和流程

开展主体功能区规划实施评价与辅助决策，首先要确定待评价区域的类型，根据主体功能区类型，同时考虑区域发展定位、自然地理和经济社会发展特点，选择针对性强的指标要素，开展评价。

4.1.1　国家级优化开发区（京津冀地区）

根据《全国主体功能区规划》，京津冀优化开发区规划实施的重点是要优化经济增长方式、降低资源环境消耗、提高区域和城市人居环境适宜程度。根据京津冀地区经济社会发展中存在的问题，特别是考虑到全国主体功能区规划目标定位，重点落实党中央和国务院对京津冀协同发展的最新指示和要求，主要评价以下4个问题。

1）全区国土开发活动是否得到控制？开发布局是否得到优化？

2）高强度国土开发区域（即城市地区）宜居性是否得到提高？

3）农产品主产区中的耕地是否得到保护、质量是否得到提升？

4）重点生态功能区生态系统是否得到保护、生态服务功能是否得到提升？

根据上述4个问题，依据卫星遥感技术特点及数据支撑情况，特别是考虑到现有可提供数据下载的GF-1、GF-2卫星，以及将发射或者已发射但尚未提供数据下载的GF-3～GF-6等卫星的遥感荷载特点和能力，本研究拟通过以下10个指标予以定量评价（表4-1）。

表 4-1　优化开发区规划实施评价问题、指标和范围

序号	评价问题	评价指标	评价范围
1	国土开发是否得到控制？ 开发布局是否得到优化？	国土开发强度 国土开发聚集度 国土开发均衡度	全区
2	宜居性是否得到提高？	城市绿被率 城市绿化均匀度 城市热岛 城市热岛面积	城市
3	耕地是否得到保护？	耕地面积	全区
4	生态系统是否得到保护？	植被绿度 优良生态系统	全区

根据以上问题，对优化开发区展开规划实施评价，具体流程如图 4-1 所示。

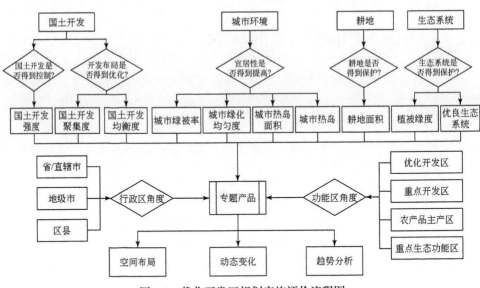

图 4-1　优化开发区规划实施评价流程图

4.1.2　国家级重点开发区（中原经济区）

根据《全国主体功能区规划》，针对重点开发区的评价是要实行工业化、城镇化水平优先的绩效评价，综合评价经济增长方式、吸纳人口、质量效益、产业结构、资源消耗、环境保护以及外来人口公共服务覆盖面等内容，弱化对投资增长速度等指标的评价[30]。根据上述规划定位，考虑卫星遥感技术和数据的支撑能力，对中原经济区的评价主要围绕以下 4 个问题。

1）全区国土开发活动是否得到控制？开发布局是否得到优化？

2）高强度国土开发区域宜居性是否得到提高？

3）农产品主产区中的耕地是否得到保护、质量是否得到提升？

4）重点生态功能区中的生态系统是否得到保护、生态服务功能是否得到提升？

根据上述 4 个问题，依据卫星遥感技术特点及数据支撑情况，特别是考虑到现有可提供数据下载的 GF-1、GF-2 卫星，以及将发射或者已发射但尚未提供数据下载的 GF-3～GF-6 等卫星的遥感荷载特点和能力，本研究拟通过以下 11 个指标予以定量评价（表 4-2）。

表 4-2　重点开发区规划实施评价问题、指标和范围

序号	评价问题	评价指标	评价范围
1	国土开发是否得到控制？开发布局是否得到优化？	国土开发强度 国土开发聚集度 国土开发均衡度	全区
2	宜居性是否得到改善？	植被绿被率 城市绿化均匀度 城市热岛 城市地表温度	城市
3	耕地是否得到保护？	耕地面积 农田生产力	农产品主产区
4	生态系统是否得到保护？	植被绿度 优良生态系统	重点生态功能区

根据以上问题，对重点开发区展开规划实施评价，具体流程如图4-2所示。

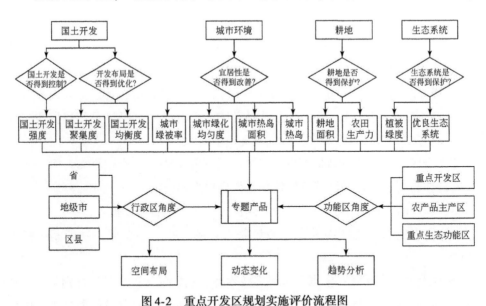

图4-2　重点开发区规划实施评价流程图

4.1.3　国家级重点生态功能区（三江源地区）

根据《全国主体功能区规划》，在三江源地区重点生态功能区和禁止开发区内，规划实施的重点是要改善区域生态结构、提升生态服务功能。根据主体功能区规划核心目标，选择对应三江源地区5个主要生态环境问题，再兼顾数据支撑情况，本研究重点评估生态系统国土开发强度、草地变化、生态系统宏观结构及布局、生态服务功能等要素[31]。主要评价以下4个问题。

1）国土开发是否得到控制？

2）生态结构是否得到优化？

3）生态质量是否得到改善？

4）生态服务功能是否得到提升？

根据上述4个问题，依据卫星遥感技术特点及数据支撑情况，特别是考虑到现有可提供数据下载的GF-1、GF-2卫星，以及将发射或者已发射但尚未提供数据下载的GF-3～GF-6等卫星的遥感荷载特点和能力，本研究拟通过以下10个指标予以定量评价（表4-3）。

表4-3 重点生态功能区规划实施评价问题、指标和范围

序号	评价问题	评价指标	评价范围
1	国土开发是否得到严格控制？	国土开发强度 国土开发聚集度	全区
2	生态结构是否得到优化？	优良生态系统 草地生态系统	全区
3	生态质量是否得到改善？	植被绿度 载畜压力指数 人类扰动指数	全区
4	生态服务功能是否得到提升？	水源涵养功能 水土保持能力 防风固沙功能	全区

根据以上问题，对重点生态功能区展开规划实施评价，具体流程如图 4-3 所示。

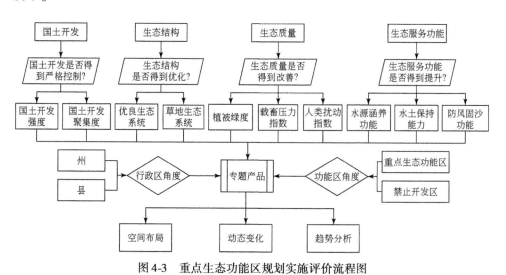

图 4-3 重点生态功能区规划实施评价流程图

4.2　国土开发强度评价模型

4.2.1　概述

国土开发强度，是指一个区域内城镇、农村、工矿水利和交通道路等各类建设空间占该区域国土总面积的比例。国土开发强度是监测评价主体功能区规划实施成效的最基础、最核心的指标。

4.2.2　基础输入产品

2005 年、2010 年、2015 年土地利用与土地覆被（LULC）产品。

4.2.3　原理与算法

在中国科学院 1∶10 万 LULC 产品支持下，国土开发强度计算公式如下：

$$LDI = \frac{UR + RU + OT}{TO}$$

式中，LDI（land development intensity）表示国土开发强度；UR（urban resident land area）表示城镇居住用地面积；RU（rural resident land area）表示农村居住用地面积；OT（other resident land area）表示其他建设用地面积；TO（total land area）表示区域总面积。

4.2.4　评价应用

从空间上看，京津冀地区燕山以南、太行山以东的广大平原地区，国土开发强度明显要比燕山以北、太行山以西地区要高。特别是在京广铁路沿线、京津唐地区、环渤海滨海地区，国土开发强度较高，形成非常明显的都市连绵区。

从空间分布上看，中原经济区国土开发强度较高的区域主要分布在京广铁路沿线以东平原地区。在西北部的太行山、中条山地区，西部的伏牛山地区，以及南部的大别山地区，城乡建设用地明显较少，国土开发强度较弱。

4.3　国土开发聚集度评价模型

4.3.1　概述

国土开发聚集度，是衡量城乡建设用地空间聚块、连片程度的指标。较高的国土开发聚集度，指示了本地区国土开发空间的高度集中、各区块独立性强的特点；较低的国土开发聚集度指示了本地区国土开发比较分散，建设地块在空间上不连续，建设地块之间存在较大空当。

4.3.2　基础输入产品

2005 年、2010 年、2015 年土地利用与土地覆被（LULC）产品。

4.3.3　原理与算法

在传统的经济学、经济地理学中，关于聚集度的测度有多种算法，如首位度、区位商、赫芬达尔-赫希曼指数[32]、空间基尼系数[33]、EG（Elilsion and Glaesa）指数[34]、DO 指数[35]等。但是这些指标算法都是基于统计数据而来的，难以空间化展示和分析。为此，本书在 GIS 技术支持下，开发了空间化的国土开发聚集度指标算法模型。

公里网格建设用地面积占比指数（JSZS）：首先计算公里网格上的建设用地比例，而后应用如下的卷积模板对空间栅格数据进行卷积运算，由此计算得到公里网格建设用地面积占比指数。

$$JSZS = JSZB \cdot \boldsymbol{W}$$

$$\boldsymbol{W} = \begin{vmatrix} 0.25 & 0.5 & 0.25 \\ 0.5 & 1 & 0.5 \\ 0.25 & 0.5 & 0.25 \end{vmatrix}$$

式中，JSZS 表示 3×3 网格中心格点的公里网格建设用地面积占比指数；JSZB 表示格点建设用地面积占比。

地域单元国土开发聚集度（JJD）：首先计算公里网格上的建设用地面积占比，而后应用如下公式计算目标地域单元国土开发聚集度：

$$JJD_{i,j} = SDCL \times 0.4 + CLTP \times 0.6$$

式中，JJD 表示地域单元国土开发聚集度；SDCL 表示网格 i，j 及八邻域内网格建成区面积不为 0 的网格内建成区面积的标准差；CLTP 表示建成区面积为 0 的网格数与总网格数的比值。

4.3.4 评价应用

京津冀地区北京市、天津市、唐山市以及石家庄市等地区国土开发聚集度明显最高。2005～2015 年，京津冀地区国土开发聚集度总体呈现下降趋势。京津冀地区总体聚集度由 2005 年的 0.478 下降到 2015 年的 0.412。这表明本地区国土开发活动总体上呈现"离散化"，国土开发聚集度有所下降。

中原经济区各地级市的市辖区等区域国土开发聚集度明显较高，2005～2015 年，中原经济区国土开发聚集度总体呈现下降趋势，区域国土开发聚集度由 2005 年的 0.409 下降到 2015 年的 0.374。考虑到国土开发强度的不断提升，区域国土开发聚集度的下降则表明，本区国土开发活动总体上是以"蛙跳式"方式发展，这种"蛙跳式"发展模式明显体现在中原经济区西部（山西省运城市、晋城市、长治市及河南省洛阳市等）以及河南省南部（河南省平顶山市、信阳市）。

4.4 国土开发均衡度评价模型

4.4.1 概述

国土开发均衡度，是指一个地区传统远郊区县国土开发速率与该地区传统中心城区国土开发速率的比值。国土开发均衡度越大，表明新增国土开发活动越偏向于远郊区县；国土开发均衡度越小，表明新增国土开发活动越偏向于传统中心城区。

4.4.2 基础输入产品

2005 年、2010 年、2015 年土地利用与土地覆被（LULC）产品。

4.4.3 原理与算法

国土开发均衡度计算公式如下：

$$JHD = \frac{NCUCSR}{UCSR}$$

$$NCUCSR_{05\sim10} = \frac{NCUCLR_{10} - NCUCLR_{05}}{NCUCLR_{05}}$$

$$UCSR_{10\sim15} = \frac{UCLR_{15} - UCLR_{10}}{UCLR_{10}}$$

式中，JHD 表示国土开发均衡度；NCUCSR（non-center urban construction spread rate）表示区域内远郊区县建设用地扩展率；UCSR（urban construction spread rate）表示区域内传统中心城区建设用地扩展率；$NCUCSR_{05\sim10}$（non-center urban construction spread rate）表示远郊区县 2005~2010 年建设用地扩展率；$UCSR_{10\sim15}$（urban construction spread rate）表示传统中心城区 2010~2015 年建设用地扩展率；$NCUCLR_n$（non-center urban construction land area）和 $UCLR_n$（urban construction land area）分别表示特定年份（2005 年、2010 年、2015 年）远郊区县和传统中心城区的城乡建设用地面积。

4.4.4 评价应用

2005~2010 年，京津冀地区大部分地市国土开发活动以传统中心城区开发为重点，国土开发均衡度小于 1 的地区有沧州市、衡水市、承德市、邢台市、张家口市、石家庄市 6 个地区，这些地区面积占京津冀地区全区面积一半以上。另外，以远郊区县为开发重点的城市有唐山市、秦皇岛市等城市，尤其是唐山市的国土开发均衡度最大。

2010~2015 年，京津冀地区大部分地市国土开发活动普遍转向远郊区县，国土开发均衡度大于 1 的地区有北京市、邯郸市、秦皇岛市、邢台市、承德市、石家庄市、张家口市7个城市，这些地区面积占京津冀地区全区面积一半以上；其中，北京市国土开发均衡度最大，为4.28。继续以传统中心城区为开发重点（即国土开发均衡度小于1）的地区有唐山市、保定市、衡水市、沧州市、廊坊市、天津市6个地级市，但其国土总面积已经小于京津冀地区全区面积的一半。

2005～2010年，中原经济区大部分地市国土开发活动以传统中心城区开发为重点，国土开发均衡度小于1的地区有平顶山市、聊城市、洛阳市、焦作市、菏泽市、濮阳市、新乡市、亳州市、宿州市、淮北市、阜阳市、驻马店市、商丘市、运城市、信阳市、蚌埠市16个地级市，这些地级市面积占中原经济区全区面积一半以上。另外，以远郊区县为开发重点的城市有南阳市、鹤壁市等城市，尤其是南阳市的国土开发均衡度最大，达到12.86。

2010～2015年，中原经济区大部分地市国土开发活动普遍转向远郊区县，国土开发均衡度大于1的地区有平顶山市、商丘市、邯郸市、洛阳市、新乡市、邢台市、信阳市、焦作市等13个城市，这些地区面积占中原经济区全区面积近一半；其中，平顶山市国土开发均衡度最大，为3.06。继续以传统中心城区为开发重点（即国土开发均衡度小于1）的地级市仍有聊城市、郑州市、鹤壁市、阜阳市、宿州市、濮阳市等16个地级市。

4.5 城市绿被率评价模型

4.5.1 概述

城市绿被覆盖是指乔木、灌木、草坪等所有植被的垂直投影面积，包括屋顶绿化植物的垂直投影面积以及零星树木的垂直投影面积，乔木树冠下的灌木和草本植物不能重复计算。城市绿被率，则是指区域内各类绿被覆盖垂直投影面积之和占该区域总面积的比例。

4.5.2 基础输入产品

2005年、2010年、2015年京津冀地区、中原经济区城市绿被覆盖产品。

4.5.3　原理与算法

城市绿被覆盖信息的获取是基于卫星遥感影像实现的专题信息提取。专题信息提取的技术路线可以参见指标产品研制相关介绍。

城市绿被率的计算方法如下：

$$UGR = \frac{GPA}{TOT} \times 100\%$$

式中，UGR（urban green-coverage ratio）表示城市绿被率；GPA（green-coverage projection area）表示城市绿被面积；TOT（total area）表示城市区域总面积。

4.5.4　评价应用

2005～2015 年，京津冀地区城市绿被率总体呈现上升态势。其中，京津冀地区中部、东部（即北京—廊坊—天津一线区县、环渤海区县）城市绿被率增加态势明显。城市绿被率增加的地区主要集中在北京市、天津市、沧州市、唐山市等地区；城市绿被率减少的地区主要集中在河北省衡水市、承德市、廊坊市、张家口市等地区。

2005～2015 年，中原经济区城市绿被率整体上呈现增加的趋势，其中晋城市、商丘市、许昌市、洛阳市、南阳市等地区城市绿被率降低明显；而宿州市、运城市、周口市、三门峡市等地区城市绿被率上升较快。

4.6　城市绿化均匀度评价模型

4.6.1　概述

城市绿被的生态服务和社会休闲服务能力不仅依赖于绿被面积的总量，更与绿被的空间配置直接相关。长期以来，我国一直以城市绿被面积、城市绿被率、人均绿被面积等简单的比例指标来指导城市绿被系统建设，忽视空间布局上的合理性，极大地削弱了城市绿被为城市居民提供休闲服务、城市绿被为城市生态系统提供水热调节功能的能力。为此，本研究基于 GIS 分析方法，研发了城市绿化均匀度指标。

4.6.2　基础输入产品

2005 年、2010 年、2015 年京津冀地区、中原经济区城市绿被覆盖产品。

4.6.3　原理与算法

城市绿化均匀度，可以通过标准化最邻近点指数（nearest neighbor indicator，NNI）来衡量。具体算法为

$$I = \frac{R}{2.15}$$

式中，I 表示城市绿化均匀度；R 表示最邻近点指数。由于 R 的取值范围在 0（高度集聚）~2.15（均匀分布），因此，对 R 进行标准化后，城市绿化均匀度的值域范围即变为 $[0, 1]$。

最邻近点指数 R 的计算公式如下：

$$R = 2 D_{ave} \sqrt{\frac{N}{A}}$$

式中，D_{ave} 表示每一点与其最邻近点的距离算术平均；A 表示片区总面积；N 表示抽象点个数。D_{ave} 和 R 可以利用空间分析工具 Average Nearest Neighbor 计算得到。

4.6.4　评价应用

京津冀地区各区（县、市）城市绿化均匀度在空间分布上没有特别的规律，总体呈现出在北京—天津沿线区（县、市）以及河北省东南部相关地区较高，而在其他地区，特别是京津冀地区西北部各区（县、市）较低。

中原经济区各区（县、市）城市绿化均匀度空间分布格局规律不是太显著。其中，2015 年，许昌市、聊城市、郑州市、鹤壁市、平顶山市、邢台市、邯郸市、漯河市、周口市、淮北市、焦作市、三门峡市、濮阳市、新乡市等城市绿化均匀度较高，各城市绿化均匀度均在 0.6 之上。而运城市、南阳市、信阳市、亳州市、商丘市、菏泽市、蚌埠市等城市绿化均匀度较低，均在 0.57 以下。

4.7 城市热岛评价模型

4.7.1 概述

城市热岛,是指城市因大量的人工发热、建筑物和道路等高蓄热体及绿地减少等因素,造成城市中的气温明显高于外围郊区的现象。

4.7.2 基础输入产品

2005 年、2010 年、2015 年北京市、天津市、石家庄市、郑州市、开封市地表温度产品。

4.7.3 原理与算法

采用叶彩华等[36]提出的地表热岛强度指数(urban heat island intensity index,UHII)的计算方法来估算城市地表热岛强度,公式为

$$\text{UHII}_i = T_i - \frac{1}{n} \sum_{}^{n} T_{\text{crop}}$$

式中,UHII_i 表示图像上第 i 个像元所对应的城市热岛强度;T_i 表示地表温度;n 表示郊区农田内的有效像元数;T_{crop} 表示郊区农田内的地表温度。

4.7.4 评价应用

2005～2015 年,北京市无热岛、弱热岛的面积均在减少,而中热岛、强热岛和极强热岛的面积则在增加。其中极强热岛区域增幅最小(增加 0.02%),无热岛区域变化幅度最大(减少 6.16%)。极强热岛区域进一步向四个方向扩展,特别是有大幅度的向东、东南、东北方向扩展的态势。同时,传统中心城区(东城区、西城区、朝阳区、海淀区)强热岛区域与传统远郊区(昌平区、顺义区、通州区、大兴区)强热岛区域存在连片趋势,周边远郊区出现分散型弱热岛。

4.8 耕地面积评价模型

4.8.1 概述

耕地，是指专门种植农作物并经常进行耕种、能够正常收获的土地。一般可以分为水田和旱地两种类型。

4.8.2 基础输入产品

2005 年、2010 年、2015 年土地利用与土地覆被（LULC）产品。

4.8.3 原理与算法

在 LULC 产品支持下，耕地面积计算公式如下：

$$CA = PA + DA$$

式中，CA（cultivation area）表示耕地总面积；PA（paddy area）表示水田面积；DA（dryland area）表示旱地面积。

4.8.4 评价应用

2015 年，京津冀地区全区耕地总面积为 101 078.1km²。与 2005 年（108 133.3 km²）相比，全区耕地面积减少 7055.2 km²，即减少了 6.5%。其中：北京市 2015 年耕地总面积为 3558.9 km²，与 2005 年（4533.4 km²）相比，全市耕地面积减少 974.5 km²，即减少了 21.5%。天津市 2015 年耕地总面积为 6604.9 km²，与 2005 年（6819.6 km²）相比，全市耕地面积减少 214.7 km²，即减少了 3.1%。河北省 2015 年耕地总面积为 90 914.2 km²，与 2005 年（96 780.3 km²）相比，全省耕地面积减少 5866.1 km²，即减少了 6.1%。

4.9　农田生产力分级评价模型

4.9.1　概述

基于 LULC 数据"耕地类型"中的农田为掩模，利用掩模分析得到的净初级生产力即为农田净初级生产力（农田 NPP），它是度量作物产量最基础、最核心的产品。农田生产力分级产品是根据农田 NPP 高低，结合地方实际情况确定的农田高、中、低产田的空间范围。中、低产田是指目前的产出水平远未达到所处的自然和社会经济条件下应有的生产能力，具有较大增产潜力的耕地；高产田是指不存在或较少存在制约农业生产的限制因素，生产能力较高的耕地。

4.9.2　基础输入产品

2005 年、2010 年、2015 年中原经济区农田生产力产品（农田 NPP）。

4.9.3　原理与算法

根据不同作物的收获部分的含水量和收获指数（经济产量与作物地上部分干重的比值），农业统计数据的产量与植被碳储量存在一定转换关系，则 NPP 与农作物产量之间转换关系如下：

$$\text{NPP} = \frac{Y \times (1 - \text{MC}_i) \times 0.45}{\text{HI} \times 0.9}$$

式中，Y 为单位面积农作物的产量（g/m^2）；MC_i 为作物收获部分的含水量（%）；HI 为作物的收获指数；0.9 为作物收获指数的调整系数；0.45 为将 NPP 转换为植物地上生物量碳的转换系数。

根据全国高产田、中产田、低产田粮食单产指标进行换算，得到高、中、低产田农田 NPP 划分标准值。

对耕地进行高、中、低产田划分的依据实质上是按照平均分配原则将耕地分为三类，鉴于农田 NPP 包含一个主要的正态分布，定义正态分布前后两个拐点对应的 NPP 值作为分界值，分别为 NPP$_a$ 和 NPP$_b$（NPP$_a$<NPP$_b$），定义 NPP$_{\text{dif}}$ 为

NPP_a 与 NPP_b 的差值。

$$低产田上限标准 = \text{NPP}_a + \text{NPP}_{dif} \times 30\%$$
$$高产田下限标准 = \text{NPP}_b - \text{NPP}_{dif} \times 35\%$$

从规划标准指标和遥感数据本身特性两个角度出发，综合确定农田生产力（即农田 NPP）划分高、中、低产田的标准值。

4.9.4 评价应用

以中原经济区为例，中原经济区高产田主要分布在东部地区，农产品主产区内较多。中、低产田相对较多，主要分布在中原经济区西部，在北部和大别山南部区域均有中、低产田分布。2015 年，中原经济区高产田面积为 55 069 km^2，中产田面积为 76 915 km^2，低产田面积为 50 262 km^2。2005~2015 年，三类农田面积的变化趋势是低产田略有增加；中产田逐渐减少；高产田逐渐增加。其中高产田增加 22 816 km^2，中产田减少 33 270 km^2，低产田增加 1669 km^2。

4.10 优良生态系统评价模型

4.10.1 概述

优良生态系统，是指有利于生态系统结构保持稳定，有利于生态系统发挥水源涵养、水土保持、防风固沙、水热调节等重要生态服务功能的自然生态系统类型。

4.10.2 基础输入产品

2005 年、2010 年、2015 年土地利用与土地覆被（LULC）产品。

4.10.3 原理与算法

优良生态系统面积的计算公式为

$$\text{YLArea} = \text{Area}(\text{DL}_{21} + \text{DL}_{22} + \text{DL}_{31} + \text{DL}_{32} + \text{DL}_{42} + \text{DL}_{43} + \text{DL}_{46} + \text{DL}_{64})$$

式中，YLArea 表示优良生态系统类型总面积；Area 表示各优良生态系统类型的面积；$DL_{21} \sim DL_{64}$ 分别表示 LULC 产品中不同地类代码，见表4-4。

表4-4 优良生态系统土地利用与土地覆被地类代码

代码	名称	含义
21	有林地	指郁闭度>30%的天然林和人工林，包括用材林、经济林、防护林等成片林地
22	灌木林	指郁闭度>40%、高度在2m以下的矮林地和灌丛林地
31	高覆盖度草地	指覆盖度>50%的天然草地、改良草地和割草地，此类草地一般水分条件较好，草被生长茂密
32	中覆盖度草地	指覆盖度为20%~50%的天然草地和改良草地，此类草地一般水分不足，草被较稀疏
42	湖泊	指天然形成的积水区常年水位以下的土地
43	水库坑塘	指人工修建的蓄水区常年水位以下的土地
46	滩地	指河、湖水域平水期水位与洪水期水位之间的土地
64	沼泽地	指地势平坦低洼、排水不畅、长期潮湿、季节性积水或常年积水、表层生长湿生植物的土地

考虑到研究区面积不等，除了使用优良生态系统的绝对面积外，使用优良生态系统指数（即优良生态系统面积占比）来评价区域生态环境总体质量是一个更加重要、客观的指标。公式如下：

$$YLZS = \frac{YLArea}{Area}$$

式中，YLZS 表示优良生态系统指数，即优良生态系统面积占比；YLArea 表示优良生态系统区域面积；Area 表示区域总面积。

4.10.4 评价应用

以京津冀地区为例，从空间分布上看，京津冀地区优良生态系统用地主要分布在燕山以北、太行山以西的山脉及高原地区；在燕山山脉以南、太行山山脉以东的平原地区，优良生态系统用地分布明显减少；在环渤海滨海等区域也分布有部分优良生态系统。三省（直辖市）优良生态系统面积占比从大到小依次是北京市（44.6%）、河北省（36.4%）、天津市（13.1%）。2005~2015年，京津冀地区全区优良生态系统面积呈现减少态势，从 78 835 km² 减少到 77 104 km²，共减少 1732 km²，10 年内年平均减少 0.22%。

4.11 人类扰动指数评价模型

4.11.1 概述

在禁止开发区和重点生态功能区，对生态系统原真性的维护是主体功能区规划的重要目标之一。在这些地区，要求有较低的人类扰动。然而从卫星遥感的角度，直接检测人类活动存在极大困难，但是可以从土地利用与土地覆被类型的角度，对人类扰动能力和强度予以评价[37,38]。

4.11.2 基础输入产品

2005 年、2010 年、2015 年土地利用与土地覆被（LULC）产品。

4.11.3 原理与算法

从土地利用与土地覆被类型研究角度看，人类对各种类型土地的利用程度不同。对于未利用或难利用生态系统，人类的干扰程度较低；对于农田生态系统、城乡聚落生态系统，人类的干扰程度较高。区域上人类扰动的强度就是上述各种土地类型的综合表现。

因此，首先根据不同的土地利用与土地覆被类型，对其扰动能力予以赋值（表4-5）。

表 4-5　生态系统人类扰动指数分级表

类型	自然未利用	自然再生利用	自然非再生利用	人为非再生利用
生态系统类型（代码）	盐碱地（63）、沼泽地（64）	林地（2）、草地（3）、水域（4）[不包括永久性冰川雪地（44）]	水田（11）、旱地（12）	城镇（51）、居民点（52）、其他建设用地（53）等类型
扰动分级指数	0	1	2	3

对于某一区域来说，往往有多种扰动级别指数的生态系统类型存在，各自占有不同比例，不同扰动类型按其面积权重（所占比例）做出自己的贡献。因此，通过加权求和，可以形成一个0~1分布的生态系统综合人类扰动指数，计算方法如下：

$$D = (\sum_{i=0}^{3} A_i \times P_i)/3/ \sum_{i=1}^{n} P_i$$

式中，A_i 表示第 i 级生态系统人类扰动程度分级指数；P_i 表示第 i 级生态系统人类扰动程度分级面积所占比例；D 表示生态系统综合人类扰动指数，范围为 0~1。

4.11.4　评价应用

以三江源地区为例，三江源地区东部及中南部等部分地区人类扰动指数明显较大，而在西部、西北部等部分地区人类扰动指数较小。2005~2015年三江源地区人类扰动指数呈现递增趋势，从2005年的0.253增加至2015年的0.269。从公里网格上的人类扰动指数变化状况上看，三江源地区中部地区，包括称多县、曲麻莱县、玛多县、兴海县、同德县等地区，出现了较为明显的人类扰动指数增加斑块；而在格尔木市唐古拉山镇、玉树县、治多县、久治县、甘德县等地区，则出现了较为明显的人类扰动指数下降斑块。

第5章 国土开发模块详细设计

5.1 国土开发强度

5.1.1 模型概念

国土开发强度是指一个区域内各类建设空间占该区域国土总面积的比例。国土开发强度是监测评价主体功能区规划实施成效的最基础、最核心的指标。

5.1.2 模型算法

国土开发强度计算公式如下：

$$LDI = \frac{UR + RU + OT}{TO}$$

式中，LDI（land development intensity）表示国土开发强度；UR（urban resident land area）表示城镇居住用地面积；RU（rural resident land area）表示农村居住用地面积；OT（other resident land area）表示其他建设用地面积；TO（total land area）表示区域总面积。

5.1.3 输入输出定义

输入数据如表5-1所示。

表 5-1　输入数据说明

输入数据	变量名称	数据说明	数据类型
行政区划数据	shpfile	某地区行政区边界数据（包含行政区名称字段）	ShapeFile 数据
土地利用数据	luccfile	某地区的土地利用栅格数据	TIFF 数据

输出数据为输入地区范围的国土开发强度专题图。

5.1.4　算法流程图

国土开发强度算法流程如图 5-1 所示。

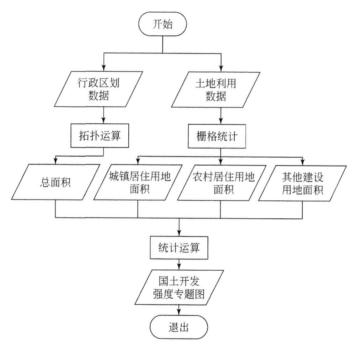

图 5-1　国土开发强度算法流程图

5.1.5　模块界面

国土开发强度模块界面如图 5-2 所示。模块界面的开发强度评价等同于国土开发强度评价。

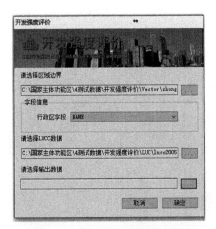

图 5-2　国土开发强度模块界面

5.2　国土开发聚集度

5.2.1　模型概念

国土开发聚集度，是衡量城乡建设用地空间聚块、连片程度的指标。较高的国土开发聚集度，指示了本地区国土开发空间的高度集中、各区块独立性强的特点；较低的国土开发聚集度指示了本地区国土开发比较分散，地块之间空间上不连续，或存在较大空当。

5.2.2　模型算法

在传统的经济学、经济地理学中，关于聚集度的测度有多种算法，如首位度、区位商、赫芬达尔–赫希曼指数、空间基尼系数、EG 指数等。但是这些指标算法都是基于统计数据而来的，难以空间化展示和分析。为此，本研究在 GIS 技术支持下，开发了空间化的国土开发聚集度指标算法模型。

国土开发聚集度模型一（八邻域比重卷积算法）：该模型适用于在单位栅格尺度上计算国土开发聚集度。首先计算单位栅格（如 500m 栅格）上的建设用地比例，而后逐格点应用如下的卷积模板对空间栅格数据进行卷积运算，由此计算得到单位栅格（公里网格）建设用地面积占比指数。

$$JSZS = JSZB \cdot \boldsymbol{W}$$

$$\boldsymbol{W} = \begin{vmatrix} 0.25 & 0.5 & 0.25 \\ 0.5 & 1 & 0.5 \\ 0.25 & 0.5 & 0.25 \end{vmatrix}$$

式中，JSZB 为格点建设用地面积占比；JSZS 表示 3×3 网格中心格点的公里网格建设用地面积占比指数。

国土开发聚集度模型二（地类标准差算法）：该模型适用于计算特定地域单元（如行政区）中建设用地的国土开发聚集度。具体做法是，首先计算单位栅格（如 500m 栅格）上的建设用地面积占比，而后应用如下公式计算目标地域单元国土开发聚集度：

$$JJD_{i,j} = SDCL \times 0.4 + CLTP \times 0.6$$

式中，$JJD_{i,j}$ 为地域单元国土开发聚集度；SDCL 为网格 i，j 及八邻域内网格建成区面积不为 0 的网格内建成区面积的标准差；CLTP 表示建成区面积为 0 的网格数与总网格数的比值。

5.2.3　输入输出定义

输入数据如表 5-2 所示。

表 5-2　输入数据说明

输入数据	变量名称	数据说明	数据类型
行政区划数据	shpfile	某地区行政区边界数据（包含行政区名称字段）	ShapeFile 数据
建设用地面积网格数据	shpfile2	某地区建设用地面积网格数据（包含建设用地面积字段）	ShapeFile 数据

输出数据为输入地区范围的国土开发聚集度数据。

5.2.4　算法流程图

国土开发聚集度算法流程如图 5-3 所示。

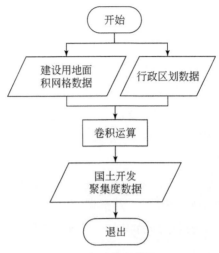

图5-3　国土开发聚集度算法流程图

5.2.5　模块界面

国土开发聚集度模块界面如图5-4所示。

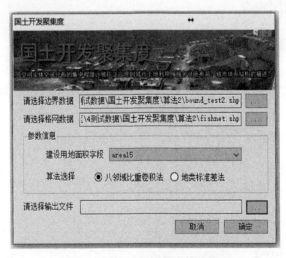

图5-4　国土开发聚集度模块界面

5.3　国土开发均衡度

5.3.1　模型概念

国土开发均衡度是指一个地区内传统远郊区县的国土开发速率与该地区传统中心城区的国土开发速率的比值。

5.3.2　模型算法

国土开发均衡度的计算公式如下：

$$JHD = \frac{NCUCSR}{UCSR}$$

式中，JHD 表示国土开发均衡度；NCUCSR（non-center urban construction spread rate）表示区域内建设用地扩展率；UCSR（urban construction spread rate）表示区域内传统中心城区建设用地扩展率。

5.3.3　输入输出定义

输入数据如表 5-3 所示。

表 5-3　输入数据说明

输入数据	变量名称	数据说明	数据类型
行政区划数据	shpfile	某地区行政区边界数据（包含行政区名称字段）	ShapeFile 数据
土地利用数据	luccfile	某地区的土地利用栅格数据	TIFF 数据

输出数据为输入地区范围的国土开发均衡度数据。

5.3.4　算法流程图

国土开发均衡度算法流程如图 5-5 所示。

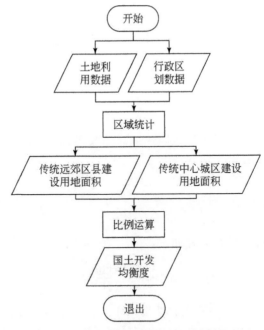

图 5-5　国土开发均衡度算法流程图

5.3.5　模块界面

国土开发均衡度模块界面如图 5-6 所示。

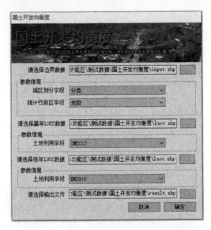

图 5-6　国土开发均衡度模块界面

第6章 城市环境模块详细设计

6.1 城市绿被率

6.1.1 模型概念

城市绿地是评价高强度国土开发区域（即城市）生态环境、宜居水平的重要因子。通常可以通过城市绿被率予以衡量。

城市绿地覆盖是指乔木、灌木、草坪等所有植被的垂直投影面积，包括屋顶绿化植物的垂直投影面积以及零星树木的垂直投影面积，乔木树冠下的灌木和草本植物不能重复计算。城市绿被率，则是指区域内各类绿被覆盖垂直投影面积之和占该区域总面积的比例，该指标定义与住房和城乡建设部定义的"城市绿地覆盖率"完全相同。

6.1.2 模型算法

城市绿被覆盖信息的获取是基于卫星遥感影像实现的专题信息提取。专题信息提取的技术路线可以参见指标产品研制相关介绍。

城市绿被率的计算方法如下：

$$UGR = \frac{GPA}{TOT} \times 100\%$$

式中，UGR（urban green-coverage ratio）表示城市绿被率；GPA（green-coverage projection area）表示城市绿被面积；TOT（total area）表示城市区域总面积。

与国土开发强度类似，针对城市绿被面积、城市绿被率的评价，既可以以栅格数据的形式予以展示并参与空间运算，同时也可以以行政区专题统计图的形式出现，供政府决策部门使用。

6.1.3　输入输出定义

输入数据如表 6-1 所示。

表 6-1　输入数据说明

输入数据	变量名称	数据说明	数据类型
行政区划数据	shpfile	某地区行政区边界数据（包含行政区名称字段）	ShapeFile 数据
土地利用数据	luccfile	某地区的土地利用栅格数据	TIFF 数据

输出数据为输入地区范围的城市绿被率。

6.1.4　算法流程图

城市绿被率算法流程如图 6-1 所示。

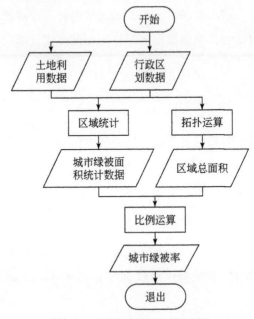

图 6-1　城市绿被率算法流程图

6.1.5 模块界面

城市绿被率模块界面如图6-2所示。模块界面的植被绿被率等同于城市绿被率。

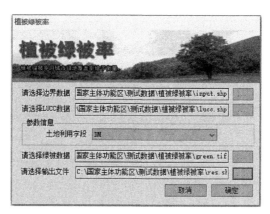

图6-2 城市绿被率模块界面

6.2 城市绿化均匀度

6.2.1 模型概念

城市绿被的生态服务和社会休闲服务能力不仅依赖于绿被面积的总量，更与绿被的空间配置直接相关。长期以来，我国一直以城市绿被面积、城市绿被覆盖率、人均绿被面积等简单的比例指标来指导城市绿被系统建设，忽视空间布局上的合理性，极大地削弱了城市绿被为城市居民提供休闲服务、城市绿被为城市生态系统提供水热调节功能的能力。为此，本研究基于GIS分析方法，研发了城市绿化均匀度指标。

6.2.2 模型算法

城市绿化均匀度，可以通过标准化最邻近点指数（nearest neighbor indicator，

NNI）来衡量。具体算法为

$$I = \frac{R}{2.15}$$

式中，I 表示城市绿化均匀度；R 表示最邻近点指数。由于 R 的取值范围在 0（高度集聚）~2.15（均匀分布），因此，对 R 进行标准化后，城市绿化均匀度的值域范围即变为 [0, 1]。

最邻近点指数 R 的计算公式如下：

$$R = 2 D_{ave} \sqrt{\frac{N}{A}}$$

式中，D_{ave} 表示每一点与其最邻近点的距离算术平均；A 表示片区总面积；N 表示抽象点个数。D_{ave} 和 R 可以利用空间分析工具 Average Nearest Neighbor 计算得到。

6.2.3 输入输出定义

输入数据如表 6-2 所示。

表 6-2 输入数据说明

输入数据	变量名称	数据说明	数据类型
行政区划数据	shpfile	某地区边界数据（包含建设用地统计字段）	ShapeFile 数据
绿地分布数据	tiffile	某地区绿地分布	TIFF 数据

输出数据为输入地区范围的城市绿化均匀度数据。

6.2.4 算法流程图

城市绿化均匀度算法流程如图 6-3 所示。

6.2.5 模块界面

城市绿化均匀度模块界面如图 6-4 所示。

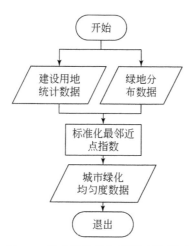

图6-3　城市绿化均匀度算法流程图

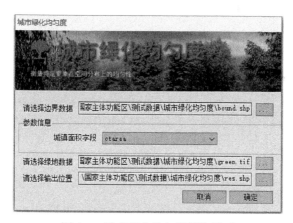

图6-4　城市绿化均匀度模块界面

6.3　城市地表温度

6.3.1　模型概念

地表温度（land surface temperature，LST）在环境遥感研究及地球资源应用过程中具有广泛而深入的需求。它是重要的气候与生态控制因子，影响着大气、海洋、陆地的显热和潜热交换，是研究地气系统能量平衡、地–气相互作用的基本物理量。但由于地球–植被–大气这一系统的复杂性，精确反演 LST 成为一个公认的难题。

6.3.2 模型算法

城市热岛的评估首先就取决于城市 LST 产品的获取。本模块可以利用某年 7~9 月 MODIS 夏季白天 LST 产品，求平均值后，依据 Landsat 或 GF-1 数据，进行降尺度运算（将空间分辨率从 1km 转为 30m），最终即为所求当年夏季温度产品。

6.3.3 输入输出定义

输入数据如表 6-3 所示。

表 6-3 输入数据说明

输入数据	变量名称	数据说明	数据类型
Landsat/GF-1 数据	modelfile	某地区 Landsat/GF-1 数据（包含红波段和近红外波段）	TIFF 数据
MODIS 温度数据	lstfile	某地区 MODIS 温度反演数据	TIFF 数据

输出数据为输入地区范围的降尺度地表温度数据。

6.3.4 算法流程图

城市地表温度算法流程如图 6-5 所示。

6.3.5 模块界面

城市地表温度模块界面如图 6-6 所示。

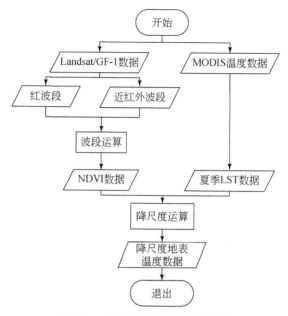

图 6-5 城市地表温度算法流程图

图 6-6 城市地表温度模块界面

6.4 城市热岛

6.4.1 模型概念

城市热岛，是一种由于城市建筑和人们日常活动导致城区相对郊区温度更高的现象。城市热岛强度的定义如下：

$$UHI = T_{building} - T_{suburbs}$$

式中，UHI（urban heat island）表示建成区城市热岛强度；$T_{building}$表示建成区近地表温度平均温度；$T_{suburbs}$表示郊区地表温度平均温度。

6.4.2 模型算法

对于近地表温度，可以使用 Landsat-5/Landsat-8 等卫星遥感影像予以计算得到。具体计算过程如下。

1）由影像 DN 值获取绝对辐射亮度：

$$L_{TM} = \frac{DN \times (L_{max} - L_{min})}{255} + L_{min}$$

式中，L_{TM}表示 TM 传感器所接收到的辐射亮度；DN 值表示 Landsat-5 的第六波段，Landsat-8 的第十波段；L_{max}、L_{min}分别是传感器所接收到的最大和最小的辐射亮度，可在头文件中查找。

2）从辐射亮度转成辐射亮温：

$$T = \frac{K_2}{\ln\left(1 + \frac{K_1}{L_\lambda}\right)}$$

式中，T表示辐射亮温；L_λ表示辐射亮度值；K_1、K_2均为常数，具体取值如表6-4所示。

表 6-4　Landsat-5 和 Landsat-8 常数 K_1、K_2 取值

常数	Landsat-5	Landsat-8
K_1	607.766	774.89
K_2	1260.56	1321.08

3）从辐射亮温转换成地表温度：

$$T_S = \frac{T}{1 + \left(\frac{\lambda T}{\rho}\right)\ln\varepsilon}$$

式中，T_S表示地表温度；λ表示热红外波段的中心波长；$\rho = 0.01439$；ε表示地

表比辐射率。

地表比辐射率的计算，则是根据植被覆盖度 F_v 和地表覆被类型计算得到。

首先要根据归一化植被指数 NDVI 得到植被覆盖度 F_v：

$$F_v = (\mathrm{NDVI} - \mathrm{NDVI_S})/(\mathrm{NDVI_V} - \mathrm{NDVI_S})$$

式中，$\mathrm{NDVI_V}$ 和 $\mathrm{NDVI_S}$ 分别表示茂密植被覆盖和完全裸土像元的值。取 $\mathrm{NDVI_V} = 0.70$ 和 $\mathrm{NDVI_S} = 0.00$。当某个像元的 NDVI 大于 0.70 时，F_v 取值为 1；当 NDVI 小于 0.00，F_v 取值为 0。

而后，根据 LULC 信息，将地表分成水体、自然表面和城镇区三类，针对不同类型，使用下述公式计算地表比辐射率。

水体像元比辐射率：$\varepsilon = 0.995$

自然表面像元比辐射率：$\varepsilon = 0.9625 + 0.0614 F_v - 0.0461 F_v^2$

城镇区像元比辐射率：$\varepsilon = 0.9589 + 0.086 F_v - 0.0671 F_v^2$

6.4.3　输入输出定义

输入数据如表 6-5 所示。

表 6-5　输入数据说明

输入数据	变量名称	数据说明	数据类型
Landsat 数据	modelfile	某地区 Landsat 数据（包含红波段和近红外波段）	TIFF 数据

输出数据为输入地区范围的城市热岛强度数据、归一化地表温度数据。

6.4.4　算法流程图

城市热岛算法流程如图 6-7 所示。

6.4.5　模块界面

城市热岛模块界面如图 6-8 所示。

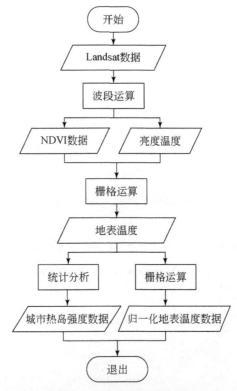

图 6-7　城市热岛算法流程图

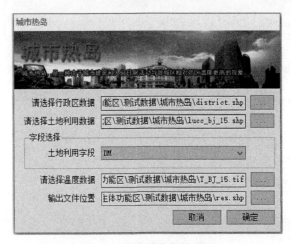

图 6-8　城市热岛模块界面

第7章　耕地保护和生态环境质量
模块详细设计

7.1　耕　地　面　积

7.1.1　模型概念

耕地面积即为耕地的面积。耕地，是指专门种植农作物并经常进行耕种、能够正常收获的土地。一般可以分为水田和旱地两种类型。

7.1.2　模型算法

耕地面积计算公式如下：

$$CA = PA + DA$$

式中，CA（cultivation area）表示耕地总面积；PA（paddy area）表示水田面积；DA（dryland area）表示旱地面积。

7.1.3　输入输出定义

输入数据如表7-1所示。

表7-1　输入数据说明

输入数据	变量名称	数据说明	数据类型
土地利用数据	luccfile	某地区高分土地利用数据	TIFF 数据
网格数据	gridfile	某地区网格数据	Shapefile 数据

输出数据为输入地区范围的1km网格中耕地面积空间分布、耕地面积占比空间分布。

7.1.4　算法流程图

耕地面积算法流程如图7-1所示。

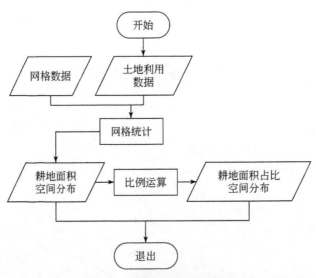

图7-1　耕地面积算法流程图

7.1.5　模块界面

耕地面积模块界面如图7-2所示。

图7-2　耕地面积模块界面

7.2　优良生态系统

7.2.1　模型概念

优良生态系统是指有利于生态系统结构保持稳定，有利于生态系统发挥水源涵养、水土保持、防风固沙、水热调节等重要生态服务功能的自然生态系统类型。

7.2.2　模型算法

本研究中，优良生态系统面积具体是指各类有林地、高覆盖度草地、中覆盖度草地、各种水体和湿地等优良生态系统土地覆被类型的总面积（表 7-2）。

表 7-2　优良生态系统土地覆被类型

代码	名称	含义
21	有林地	指郁闭度>30%的天然林和人工林，包括用材林、经济林、防护林等成片林地
22	灌木林	指郁闭度>40%、高度在2m以下的矮林地和灌丛林地
31	高覆盖度草地	指覆盖度>50%的天然草地，改良草地和割草地，此类草地一般水分条件较好，草被生长茂密
32	中覆盖度草地	指覆盖度为20%~50%的天然草地和改良草地，此类草地一般水分不足，草被较稀疏
42	湖泊	指天然形成的积水区常年水位以下的土地
43	水库坑塘	指人工修建的蓄水区常年水位以下的土地
46	滩地	指河、湖水域平水期水位与洪水期水位之间的土地
64	沼泽地	指地势平坦低洼、排水不畅、长期潮湿、季节性积水或常年积水、表层生长湿生植物的土地

优良生态系统面积的计算公式为

$$YLArea = Area（DL_{21}+DL_{22}+DL_{31}+DL_{32}+DL_{42}+DL_{43}+DL_{46}+DL_{64}）$$

式中，YLArea 表示优良生态系统类型总面积；Area 表示各优良生态系统类型的面积；DL_{21} ~ DL_{46} 分别对应表 7-2 中各地类。

除了使用优良生态系统面积之外，还可以使用优良生态系统指数（即优良生态系统面积占比）对区域生态环境质量水平予以评价。公式如下：

$$YLZS = \frac{YLArea}{Area}$$

式中，YLZS 表示优良生态系统指数；YLArea 表示优良生态系统区域面积；Area 表示区域总面积。

7.2.3 输入输出定义

输入数据如表 7-3 所示。

表 7-3 输入数据说明

输入数据	变量名称	数据说明	数据类型
土地利用数据	luccfile	某地区高分土地利用数据	TIFF 数据
网格数据	gridfile	某地区网格数据	Shapefile 数据

输出数据为输入地区范围的 1km 网格中优良生态系统面积空间分布、优良生态系统指数空间分布。

7.2.4 算法流程图

优良生态系统算法流程如图 7-3 所示。

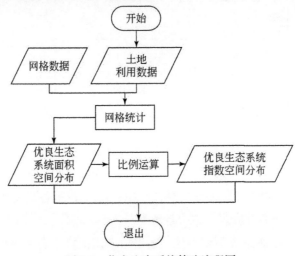

图 7-3　优良生态系统算法流程图

7.2.5 模块界面

优良生态系统模块界面如图 7-4 所示。

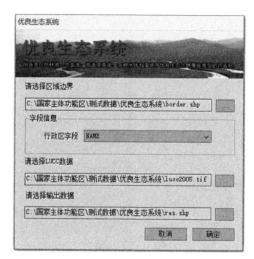

图 7-4 优良生态系统模块界面

7.3 草地生态系统

7.3.1 模型概念

草地是以生长草本和灌木植物为主并适宜发展畜牧业的土地[39]。它具有特有的生态系统，是一种可更新的自然资源。世界草地面积约占陆地总面积的 1/2，是发展草地畜牧业的最基本的生产资料和基地。在生态系统二级分类中，一般可以分为高覆盖度草地、中覆盖度草地及低覆盖度草地三种类型。

7.3.2 模型算法

草地面积计算公式如下：

$$GA = GA_1 + GA_2 + GA_3$$

式中，GA（grassland area）表示草地面积；GA_1（grassland area1）表示高覆盖度草地面积；GA_2（grassland area2）表示中覆盖度草地面积；GA_3（grassland area3）代表低覆盖度草地面积。

7.3.3　输入输出定义

输入数据如表7-4所示。

表7-4　输入数据说明

输入数据	变量名称	数据说明	数据类型
土地利用数据	luccfile	某地区高分土地利用数据	TIFF数据
网格数据	gridfile	某地区网格数据	Shapefile数据

输出数据为输入地区范围的1km网格中草地面积空间分布、草地面积占比空间分布。

7.3.4　算法流程图

草地生态系统算法流程如图7-5所示。

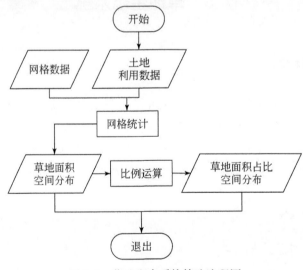

图7-5　草地生态系统算法流程图

7.3.5　模块界面

草地生态系统模块界面如图 7-6 所示。

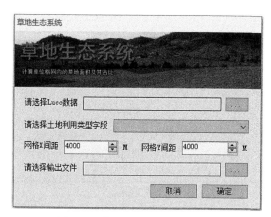

图 7-6　草地生态系统模块界面

7.4　人类扰动指数

7.4.1　模型概念

在禁止开发区和重点生态功能区，对生态系统原真性的维护是主体功能区规划的重要目标之一。在这些地区，要求有较低的人类扰动。然而从卫星遥感的角度，直接检测人类活动存在极大困难，但是可以从土地利用与土地覆被类型的角度，对人类扰动能力和强度予以评价。

7.4.2　模型算法

从土地利用与土地覆被类型研究角度看，人类对各种类型土地的利用程度不同。对于未利用或难利用生态系统，人类的干扰程度较低；对于农田生态系统、城乡聚落生态系统，人类的干扰程度较高。区域上人类扰动的强度就是上述各种土地类型的综合表现。

因此，首先根据不同的土地利用与土地覆被类型，对其人类扰动能力予以赋值（表7-5）。

表7-5　生态系统人类扰动指数分级表

类型	自然未利用	自然再生利用	自然非再生利用	人为非再生利用
生态系统类型（代码）	盐碱地（63）、沼泽地（64）	林地（2）、草地（3）、水域（4）[不包括永久性冰川雪地（44）]	水田（11）、旱地（12）	城镇（51）、居民点（52）、其他建设用地（53）等类型
扰动分级指数	0	1	2	3

对于某一区域来说，往往有多种扰动级别指数的生态系统类型存在，各自占有不同比例，不同扰动类型按其面积权重（所占比例）做出自己的贡献。因此，通过加权求和，可以形成一个0~1分布的生态系统综合人类扰动指数，计算方法如下：

$$D = (\sum_{i=0}^{3} A_i \times P_i)/3/\sum_{i=1}^{n} P_i$$

式中，A_i 表示第 i 级生态系统人类扰动程度分级指数；P_i 表示第 i 级生态系统人类扰动程度分级面积所占比例；D 为生态系统综合人类扰动指数，范围为0~1。

7.4.3　输入输出定义

输入数据如表7-6所示。

表7-6　输入数据说明

输入数据	变量名称	数据说明	数据类型
土地利用数据	luccfile	某地区高分土地利用数据	TIFF 数据
网格数据	gridfile	某地区网格数据	Shapefile 数据

输出数据为输入地区范围的1km网格中人类扰动指数空间分布。

7.4.4　算法流程图

人类扰动指数算法流程如图7-7所示。

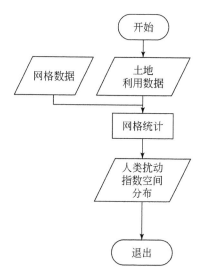

图 7-7　人类扰动指数算法流程图

7.4.5　模块界面

人类扰动指数模块界面如图 7-8 所示。

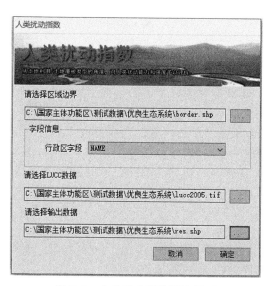

图 7-8　人类扰动指数模块界面

7.5 植被绿度

7.5.1 模型概念

植被绿度，也即归一化植被指数（NDVI），是衡量陆地植被生长状况的基本指标[40,41]。

7.5.2 模型算法

NDVI 计算的公式如下：

$$NDVI = \frac{NIR - R}{NIR + R}$$

式中，NIR 表示近红外波段；R 表示红波段。

7.5.3 输入输出定义

输入数据如表 7-7 所示。

表 7-7　输入数据说明

输入数据	变量名称	数据说明	数据类型
高分遥感数据	tiffile	某地区高分遥感数据（含有红波段和近红外波段）	TIFF 数据

输出数据为输入地区范围的植被绿度数据。

7.5.4 算法流程图

植被绿度算法流程如图 7-9 所示。

7.5.5 模块界面

植被绿度模块界面如图 7-10 所示。

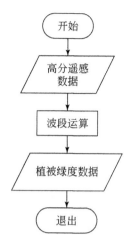

图 7-9　植被绿度算法流程图

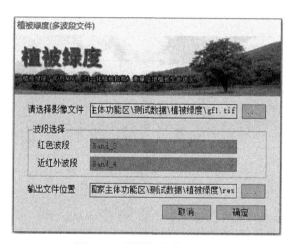

图 7-10　植被绿度模块界面

第8章 生态服务功能模块详细设计

8.1 载畜压力指数

8.1.1 模型概念

草地载畜压力指数即为草地现实载畜量与草地理论载畜量之比。

8.1.2 模型算法

利用载畜压力指数可以分析和评价研究区草地放牧对生态系统植被生产力的影响及草畜矛盾特征。

草地载畜压力指数公式如下[1]：

$$I_p = \frac{C_s}{C_1}$$

式中，I_p 表示草地载畜压力指数；C_s 表示草地现实载畜量；C_1 表示草地理论载畜量。如果 $I_p = 1$，表明草地载畜量适宜；如果 $I_p > 1$，表明草地载畜量超载；如果 $I_p < 1$，则表明草地尚有载畜潜力。其中，C_s 计算方法如下：

$$C_s = \frac{C_n + C_h}{A_r}$$

式中，C_s 表示草地现实载畜量，即单位面积草地实际承载的羊单位数量（标准羊单位/hm²）；C_n 表示年末家畜存栏数；C_h 表示家畜存栏数，按羊单位计算，大牲畜按 4.5 羊单位计[2]；A_r 为草地面积（hm²）。

C_1 计算方法如下：

$$C_1 = \frac{Y_m \times U_t \times C_o \times H_a}{S_f \times D_f \times G_t}$$

式中，C_1 表示草地理论载畜量，即单位面积草地适宜承载的羊单位（标准羊单位/hm²）；Y_m 表示单位面积草地的产草量（kg/hm²）；U_t 表示牧草利用率；C_o 表示草地可利用率；H_a 表示草地可食牧草比例；S_f 表示一个羊单位家畜的日食量；D_f 表示牧草干鲜比；G_t 表示放牧时间。根据文献研究[3-5]，确定 $U_t = 70\%$；$C_o = 92\%$；$H_a = 80\%$；$S_f = 4\text{kg}$ 鲜草；$D_f = 1 : 3$；$G_t = 365$ 日。

$$Y_m = \frac{\text{NPP}}{(1 + \text{ratio\_AB}) \times \text{ratio\_C}}$$

式中，Y_m 表示产草量；NPP 为净初级生产力；ratio_AB 表示地上地下生物量比；ratio_C 表示碳含量比例；ratio_AB = 8，ratio_C = 0.4。

生态系统服务压力指数（载畜压力指数）的未来情景预测涉及 2 个参数，理论载畜量和现实载畜量。一般情况下，可以假设理论载畜量不变，而仅对现实载畜量进行预测。

8.1.3　输入输出定义

输入数据如表 8-1 所示。

表 8-1　输入数据说明

输入数据	变量名称	数据说明	数据类型
行政区划数据	boundfile	某地区行政区边界数据	Shapefile 数据
土地利用数据	luccfile	某地区土地利用数据	TIFF 数据
NPP 数据	nppfile	某地区 NPP 数据	TIFF 数据
草地承载羊单位数据	csvfile	某地区草地承载羊单位数据	CSV 文件

输出数据为输入地区范围的载畜压力指数。

8.1.4　算法流程图

载畜压力指数算法流程如图 8-1 所示。

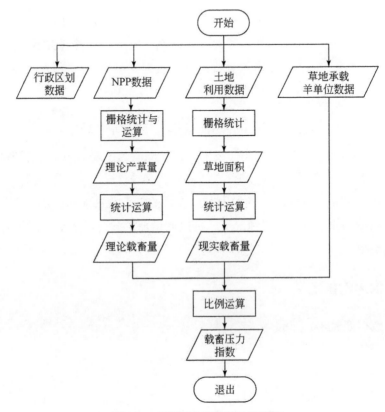

图 8-1　载畜压力指数算法流程图

8.1.5　模块界面

载畜压力指数模块界面如图 8-2 所示。

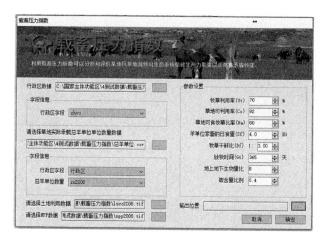

图 8-2 载畜压力指数模块界面

8.2 水土保持能力

8.2.1 模型概念

水土流失是指地表土壤及母质受外力作用发生的破坏、移动和堆积过程以及水土损失，包括水力侵蚀、风力侵蚀和冻融侵蚀等。水土资源是一切生物繁衍生息的根基，是生态安全的重要基础，由自然因素和人为开发建设活动引发的水土流失已经成为严峻的环境问题，严重制约了一个地区的生态安全。

8.2.2 模型算法

土壤侵蚀是水土流失的根本原因，通过计算土壤侵蚀量，可以了解研究区域内水土流失状况，为水土保持规划提出建议。但是传统的土壤侵蚀量调查方法耗时多、周期长，而且在表示单一地理区域的特征时存在缺陷。基于 GIS 和 RS 的土壤侵蚀量估算方法能快速、准确地获取土壤流失与土地退化方面的深加工信息，为土壤侵蚀量的计算提供了一条较好的途径。

运用通用水土流失方程（universal soil loss equation，USLE）估算研究区潜在

土壤侵蚀量和现实土壤侵蚀量，两者之差即为研究区生态系统土壤保持量，潜在土壤保持量指生态系统在没有植被覆盖和水土保持措施情况下的土壤侵蚀量（C=1，P=1，均为常数）。

8.2.3 输入输出定义

输入数据如表8-2所示。

表 8-2 输入数据说明

输入数据	变量名称	数据说明	数据类型
降水侵蚀力因子数据	rfile	某地区降雨侵蚀力因子数据	TIFF 数据
土壤可蚀性因子数据	kfile	某地区土壤可蚀性因子数据	TIFF 数据
坡长因子数据	lfile	某地区坡长因子数据	TIFF 数据
坡度因子数据	sfile	某地区坡度因子数据	TIFF 数据
植被覆盖因子数据	cfile	某地区植被覆盖因子数据	TIFF 数据
人为管理措施因子数据	pfile	某地区人为管理措施因子数据	TIFF 数据

输出数据为输入地区范围的水土保持能力数据。

8.2.4 算法流程图

水土保持能力算法流程如图8-3所示。

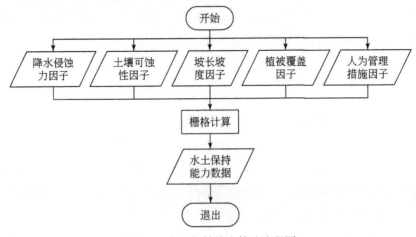

图 8-3 水土保持能力算法流程图

8.2.5　模块界面

水土保持能力模块界面如图 8-4 所示。模块界面的"降雨侵蚀力因子""覆盖与管理因子""水土保持措施因子"分别等同于"降水侵蚀力因子""植被覆盖因子""人为管理措施因子"。

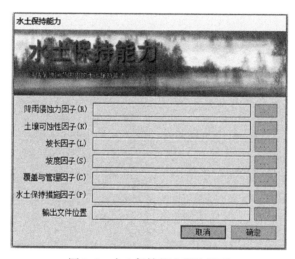

图 8-4　水土保持能力模块界面

8.3　水源涵养功能

8.3.1　模型概念

水源涵养功能通过生态蓄水能力 Q 体现,即与裸地相比,各类生态系统涵养水分的增加量。生态蓄水能力 Q 值越高,表明生态系统可调蓄容量越大,生态系统水源涵养能力越强。

8.3.2　模型算法

采用降水储存量法,即用森林生态系统的蓄水效应来衡量其涵养水分的功能。

$$Q = A \times J \times R$$
$$J = J_0 \times K$$
$$R = R_0 - R_g$$

式中，Q 表示与裸地相比较，森林、草地、湿地、耕地、荒漠等生态系统涵养水分的增加量（m^3）；A 表示生态系统面积（hm^2）；J 表示计算区多年平均产流降水量（$P>20mm$）（mm）；J_0 表示计算区多年平均降水总量（mm）；K 表示计算区产流降水量占降水总量的比例。以秦岭—淮河一线为界线将全国划分为北方区和南方区。北方区降水较少，降水主要集中于 6～9 月，甚至一年的降水量主要集中于一两次降水中。南方区降水次数多、强度大，主要集中于 4～9 月。因此，建议北方区 K 取 0.4，南方区 K 取 0.6。本研究区域年均降水量低于 400mm，属于半干旱区，K 拟取 0.4。R 表示与裸地（或皆伐迹地）比较，生态系统减少径流的效益系数。根据已有的实测和研究成果，结合各种生态系统的分布、植被指数、土壤、地形特征以及对应裸地的相关数据，可确定全国主要生态系统类型的 R 值，本研究主要使用森林生态系统的 R 值。其他草地、灌木林、沼泽等生态系统的 R 值有待于进一步确定。而冰川、湖泊、河流、水库等湿地生态系统水源涵养量为系统平均储水（蓄水）量。R_0 表示产流降雨条件下裸地降水径流率。R_g 表示产流降雨条件下生态系统降水径流率。

8.3.3　输入输出定义

输入数据如表 8-3 所示。

表 8-3　输入数据说明

输入数据	变量名称	数据说明	数据类型
降水量数据	rainfile	某地区降水量数据	TIFF 数据
NDVI 数据	ndvifile	某地区 NDVI 数据	TIFF 数据
效益系数数据	xyfile	某地区效益系数数据	TIFF 数据

输出数据为输入地区范围的生态蓄水能力数据。

8.3.4　算法流程图

水源涵养功能算法流程如图 8-5 所示。

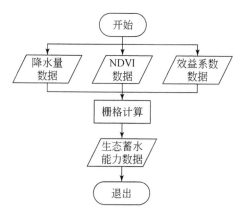

图 8-5　水源涵养功能算法流程图

8.3.5　模块界面

水源涵养功能模块界面如图 8-6 所示。

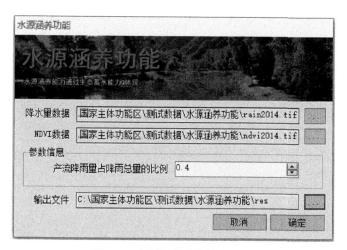

图 8-6　水源涵养功能模块界面

8.4 防风固沙功能

8.4.1 模型概念

土壤风蚀是全球性的环境问题之一，在干旱、半干旱区严重威胁着人类生存与社会的可持续发展。防风固沙功能是干旱、半干旱区生态系统服务中的重要服务功能之一。

8.4.2 模型算法

在充分考虑气候条件、植被覆盖状况、土壤可蚀性、土壤结皮、地表粗糙度等要素情况下，采用修正风蚀方程模型（RWEQ, revised wind erosion equation model）评估土壤风蚀量。其中，潜在土壤风蚀量 SL 的计算公式如下：

$$SL = \frac{2z}{s^2} Q_{max} \, e^{-\left(\frac{z}{s}\right)^2}$$

$$Q_{max} = 109.8(WF \cdot EF \cdot SCF \cdot K' \cdot COG)$$

$$Q_x = Q_{max} [1 - e^{\left(\frac{x}{s}\right)^2}]$$

把关键地块长度 s 与风、土壤因子和作物参量之间的关系进行回归分析，得出方程：

$$s = 150.71 (WF \cdot EF \cdot SCF \cdot K' \cdot COG)^{-0.3711}$$

式中，Q_x 表示地块长度 x 处的沙通量（kg/m）；Q_{max} 表示风力的最大输沙能力（kg/m）；s 表示关键地块长度（m）；z 为所计算的下风向距离（m）；WF 表示气象因子；EF 表示土壤可蚀性因子；SCF 表示土壤结皮因子；K' 表示土壤糙度因子；COG 表示植被覆盖因子，包括平铺、直立作物残留物和植被冠层。

1）气象因子。

$$WF = WE \times \frac{\rho}{g} \times SW \times SD$$

$$WE = u_2 \times (u_2 - u_1) \times N_d$$

$$SW = \frac{ET_p - (R + I) \times (R_d/N_d)}{ET_p}$$

式中，WF 表示气象因子；WE 表示风场强度因子；ρ 表示空气密度（kg/m³）；g 表示重力加速度（m/s²）；SW 表示土壤湿度因子；SD 表示雪盖因子（无积雪覆盖天数/研究总天数，定义雪盖深度<25.4 mm 为无积雪覆盖）；u_2 表示监测风速（m/s）；u_1 表示起沙风速（m/s）；N_d 表示计算周期天数；R 表示平均降水量；I 表示灌溉量（本研究取 0）；R_d 为降雨次数和（或）灌溉次数；ET_p 表示潜在蒸发量，采用辐射估算法计算。

$$ET_p = 0.7 \times \frac{\Delta}{\Delta + \gamma} \times \frac{R_s}{\lambda}$$

$$\gamma = \frac{1.103 \times 10^{-3} \times P}{0.622\lambda}$$

$$\lambda = 2.501 - 0.002\,361T$$

$$P = 101 \times \left(\frac{293 - 0.0065h}{293}\right)^{5.26}$$

$$\Delta = \frac{4096 \times \left[0.6108 \times \exp\left(\frac{17.27T}{T + 273.3}\right)\right]}{(T + 273.3)^2}$$

式中，R_s 表示太阳辐射［MJ/（m²·d）］；Δ 表示饱和水汽压与气温曲线的斜率（kPa/℃）；γ 表示干湿表常数；λ 表示蒸发的潜热系数；P 表示大气压（kPa）；T 表示平均气温（℃）；h 表示海拔（m）。

2）土壤可蚀性因子。

$$EF = \left[29.09 + 0.31\mathrm{sa} + 0.17\mathrm{si} + 0.33\left(\frac{\mathrm{sa}}{\mathrm{cl}}\right) - 2.59\mathrm{OM} - 0.95C\right]/100$$

式中，EF 表示土壤可蚀性因子；sa 表示土壤粗砂含量；si 表示土壤粉砂含量；cl 表示土壤黏粒含量；OM 表示有机质含量；C 表示土壤中 $CaCO_3$ 含量。

3）土壤结皮因子。

$$SCF = 1 / (1 + 0.0066\mathrm{cl}^2 + 0.021\mathrm{OM}^2)$$

式中，SCF 表示土壤结皮因子；cl 表示土壤黏粒含量；OM 表示有机质含量。土壤黏粒含量、有机质含量等土壤数据来源于寒区旱区科学数据中心提供的 1∶100 万土壤图以及所附的土壤属性表。

4）土壤糙度因子。

$$K' = \cos\alpha$$

式中，α 表示地形坡度。

5）植被覆盖因子。

由植被覆盖度计算而成的植被覆盖因子，用来确定枯萎植被和生长植被对土壤风蚀的影响。本研究采用照片来估算枯萎植被的覆盖度。用于计算植被覆盖度的遥感数据来源于美国国家航空航天局（National Aeronautics and Space Administration，NASA）的 EOS/MODIS 数据，以及 AVHRR（advanced very high resolution radiometer，甚高分辨率扫描辐射计）的数据。由于 NOAA、AVHRR 和 MODIS 数据由不同的卫星传感器观测得到，为了保证 AVHRR NDVI 和 MODIS NDVI 数据具有一致、可比性，本研究采用线性回归的方法，对 2000 年的 AVHRR NDVI 数据进行了校正，并对数据进行格式转换、重投影、图像的空间拼接、重采样和滤波处理。用最大值合成法（maximum value composite，MVC）得到半月 NDVI 数据，并用像元二分法求取长时间序列的半月植被覆盖度值。

8.4.3 输入输出定义

输入数据如表 8-4 所示。

表 8-4 输入数据说明

输入数据	变量名称	数据说明	数据类型
气象因子数据	wffile	某地区气象因子数据	TIFF 数据
土壤可蚀性因子数据	effile	某地区土壤可蚀性因子数据	TIFF 数据
土壤结皮因子数据	scffile	某地区土壤结皮因子数据	TIFF 数据
土壤糙度因子数据	kfile	某地区土壤糙度因子数据	TIFF 数据
植被覆盖因子数据	cogfile	某地区植被覆盖因子数据	TIFF 数据

输出数据为输入地区范围的防风固沙功能空间分布。

8.4.4 算法流程图

防风固沙功能算法流程如图 8-7 所示。

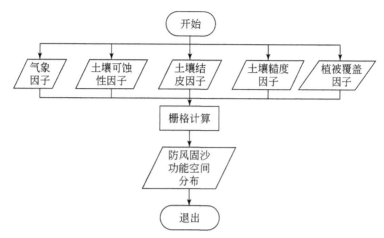

图 8-7　防风固沙功能算法流程图

8.4.5　模块界面

防风固沙功能模块界面如图 8-8 所示。模块界面的"植被因子"等同于"植被覆盖因子"。

图 8-8　防风固沙功能模块界面

第9章 辅助决策模块详细设计

9.1 严格调控区县遴选

9.1.1 模型概念

严格调控区县遴选，是指在区（县、市）等行政区维度上，选择那些国土开发强度过高、国土开发布局凌乱、人口聚集规模过大的区域；在这些行政区，需要严格控制新增国土开发开发活动，妥善优化建设布局，适当疏解密集人口。

9.1.2 模型算法

选择国土开发强度、国土开发聚集度、人口密度 3 项指标及其空间化产品；根据国家和各省（自治区、直辖市）主体功能区规划或其他规划，或参考国内外类似案例，确定各指标阈值；在单因子遴选基础上，形成多因子复合叠加成果，形成严格调控区域。

9.1.3 输入输出定义

输入数据如表 9-1 所示。

表 9-1　输入数据说明

输入数据	变量名称	数据说明	数据类型
行政区划数据	shpfile	某地区行政区划数据（包括国土开发强度、人口密度、国土开发聚集度字段）	Shapefile 数据

输出数据为输入地区范围的严格调控区县空间分布。

9.1.4　算法流程图

严格调控区县遴选算法流程如图 9-1 所示。

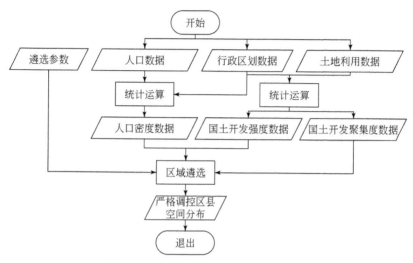

图 9-1　严格调控区县遴选算法流程图

9.1.5　模块界面

严格调控区县遴选模块界面如图 9-2 所示。

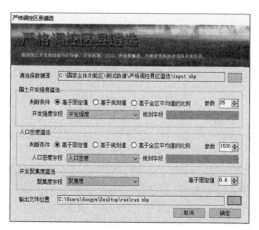

图 9-2　严格调控区县遴选模块界面

9.2 严格调控网格遴选

9.2.1 模型概念

严格调控网格遴选，是指在网格维度上，选择那些国土开发强度过高、国土开发布局凌乱、人口聚集程度过高的网格（省尺度为公里网格、直辖市为 500m 网格）；在这些网格上，需要严格控制新增国土开发活动，妥善优化建设布局，适当疏解密集人口。

9.2.2 模型算法

选择国土开发强度、国土开发聚集度、人口密度 3 项指标及其空间化产品；根据国家和各省（自治区、直辖市）主体功能区规划或其他规划，或参考国内外类似案例，确定各指标阈值；在单因子遴选基础上，形成多因子复合叠加成果，形成严格调控网格。

9.2.3 输入输出定义

输入数据如表 9-2 所示。

表 9-2 输入数据说明

输入数据	变量名称	数据说明	数据类型
行政区划数据	shpfile	某地区行政区划数据	Shapefile 数据
人口数据	popfile	某地区人口数据	TIFF 数据
土地利用数据	luccfile	某地区土地利用数据	Shapefile 数据

输出数据为输入地区范围的严格调控网格空间分布。

9.2.4 算法流程图

严格调控网格遴选算法流程如图 9-3 所示。

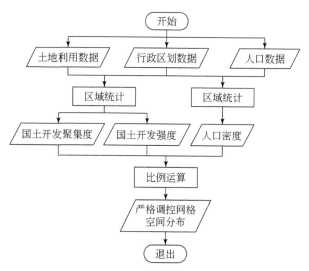

图 9-3　严格调控网格遴选算法流程图

9.2.5　模块界面

　　严格调控网格遴选模块界面如图 9-4 所示。模块界面中的"严格调控区域遴选"等同于"严格调控网格遴选"。

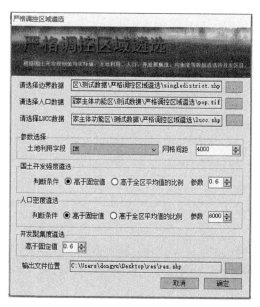

图 9-4　严格调控网格遴选模块界面

9.3　推荐开发区县遴选

9.3.1　模型概念

推荐开发区县遴选，是指在县（区、市）等行政区维度上，选择那些既不属于农产品主产区，也不属于重点生态功能区、禁止开发区的区域，同时国土开发强度尚未超过主体功能区规划 2020 年规划目标的县（区、市）；这些县（区、市），可以作为未来较大规模国土开发的潜在区域，开展满足规划要求的国土开发活动。

9.3.2　模型算法

应用国家主体功能区规划成果、各省（自治区、直辖市）主体功能区规划成果，首先，选择既不属于农产品主产区，也不属于重点生态功能区的区域；其次，选择 LULC 产品，并计算各县（区、市）国土开发强度；再次，根据主体功能区规划目标要求，挑选出国土开发强度低于规划目标要求的县（区、市）；最后，根据目标国土开发强度和现实国土开发强度的差值以及距离规划目标年的时长，计算得到各县（区、市）允许的国土开发增长速率。

9.3.3　输入输出定义

输入数据如表9-3所示。

表 9-3　输入数据说明

输入数据	变量名称	数据说明	数据类型
行政区划数据	shpfile	行政区划数据（包括国土开发强度、功能区类型字段）	Shapefile 数据
土地利用数据	luccfile	某地区土地利用数据	Shapefile 数据

输出数据为输入地区范围的推荐开发区县空间分布。

9.3.4　算法流程图

推荐开发区县遴选算法流程如图 9-5 所示。

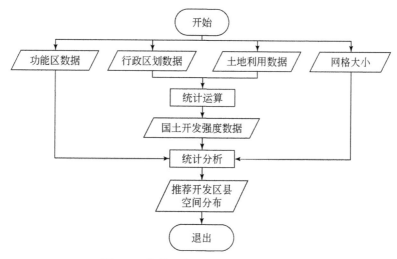

图 9-5　推荐开发区县遴选算法流程图

9.3.5　模块界面

推荐开发区县遴选模块界面如图 9-6 所示。模块界面的"推荐开发县区遴选"等同于"推荐开发区县遴选"。

图 9-6　推荐开发区县遴选模块界面

9.4 推荐开发网格遴选

9.4.1 模型概念

推荐开发网格遴选，是指在网格维度上，选择那些生态保护、农田保护需求均不大强烈，且当前国土开发强度较低的网格。这些网格可以作为未来新增国土开发用地的选址区域。

9.4.2 模型算法

利用土地利用数据与网格数据计算各个网格的国土开发强度，并根据国土开发强度的大小，筛选推荐开发网格。

9.4.3 输入输出定义

输入数据如表9-4所示。

表9-4 输入数据说明

输入数据	变量名称	数据说明	数据类型
行政区划数据	shpfile	某地区行政区划数据	Shapefile 数据
人口数据	popfile	某地区人口数据	TIFF 数据
土地利用数据	luccfile	某地区土地利用数据	Shapefile 数据

输出数据为输入地区范围的推荐开发网格空间分布。

9.4.4 算法流程图

推荐开发网格遴选算法流程如图9-7所示。

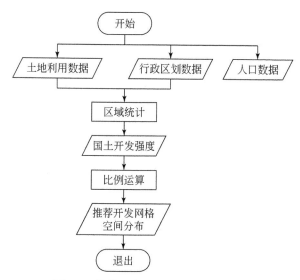

图 9-7　推荐开发网格遴选算法流程图

9.4.5　模块界面

推荐开发网格遴选模块界面如图 9-8 所示。模块界面的"推荐开发区域遴选"等同于"推荐开发网格遴选"。

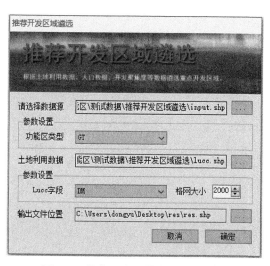

图 9-8　推荐开发网格遴选模块界面

9.5　人居环境改善网格遴选

9.5.1　模型概念

人居环境改善网格遴选的目的是，综合考虑城市内部公共绿被覆盖水平、服务能力以及城市热环境等因子，提出未来城市管理中需要重点规划和完善建设的网格。在这些网格上，需要通过增加绿植空间、优化绿植布局、改善建筑物热物理性能等举措，提高城市为居民生活和休憩服务的能力与水平。

9.5.2　模型算法

选择应用城市绿被覆盖产品、城市 LST 产品，分别计算得到公里网格上的城市绿被率、城市绿化均匀度、城市 LST 均一化指数等参数。在综合考虑城市既有水平基础上，遴选出城市绿被率偏低、公共绿地分布不合理以及地表温度较高的网格。

9.5.3　输入输出定义

输入数据如表 9-5 所示。

表 9-5　输入数据说明

输入数据	变量名称	数据说明	数据类型
行政区划数据	shpfile	某地区行政区划数据	Shapefile 数据
LST 数据	lstfile	某地区 LST 数据	TIFF 数据
绿地数据	greenfile	某地区绿地数据	TIFF 数据

输出数据为输入地区范围的人居环境改善网格空间分布。

9.5.4　算法流程图

人居环境改善网格遴选算法流程如图 9-9 所示。

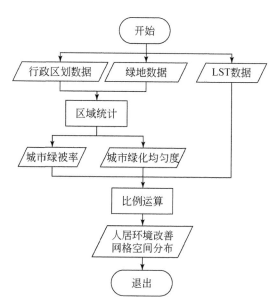

图 9-9　人居环境改善网格遴选算法流程图

9.5.5　模块界面

人居环境改善网格遴选模块界面如图 9-10 所示。模块界面的"人居环境改善区域遴选"等同于"人居环境改善网格遴选"。

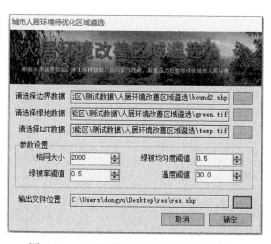

图 9-10　人居环境改善网格遴选模块界面

9.6 生态治理重点区县遴选

9.6.1 模型概念

生态治理重点区县遴选，是根据 NPP、NDVI、水源涵养功能、水土保持能力和防风固沙功能五项指标选择某地区需要进行重点生态治理的区域。

9.6.2 模型算法

利用某地区行政区边界数据（载畜压力指数字段、NDVI 变化率字段、NPP 变化率字段、水源涵养功能多年平均字段、水土保持能力多年平均字段、防风固沙功能多年平均字段）、现年水源涵养功能数据、现年水土保持能力数据、现年防风固沙功能数据筛选生态治理重点区县。

9.6.3 输入输出定义

输入的行政区划数据如表 9-6 所示。

表 9-6 输入数据说明

输入数据	变量名称	数据说明	数据类型
行政区划数据	shpfile	某地区行政区边界数据（载畜压力指数字段、NDVI 变化率字段、NPP 变化率字段、水源涵养功能多年平均字段、水土保持能力多年平均字段、防风固沙功能多年平均字段）	Shapefile 数据
现年水源涵养功能数据	waterfile	某地区现年水源涵养功能数据	TIFF 数据
现年水土保持能力数据	soilfile	某地区现年水土保持能力数据	TIFF 数据
现年防风固沙功能数据	windfile	某地区现年防风固沙功能数据	TIFF 数据

输出数据为输入地区范围的生态重点治理区县空间分布。

9.6.4 算法流程图

生态治理重点区县遴选算法流程如图 9-11 所示。

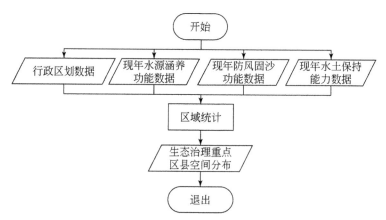

图 9-11　生态治理重点区县遴选算法流程图

9.6.5　模块界面

生态治理重点区县遴选模块界面如图 9-12 所示。模块界面的"生态重点治理县区遴选"等同于"生态治理重点区县遴选"。

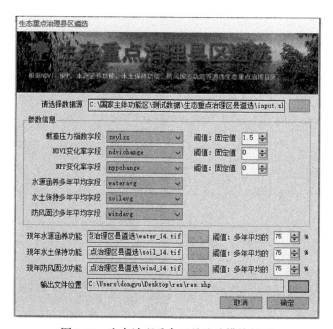

图 9-12　生态治理重点区县遴选模块界面

9.7 生态治理重点网格遴选

9.7.1 模型概念

生态治理重点网格遴选，是根据 NPP、NDVI、水源涵养功能、水土保持能力和防风固沙功能五项指标选择某地区需要进行重点生态治理的网格（省尺度为公里网格、直辖市为 500m 网格）。

9.7.2 模型算法

利用某地区 NDVI 变化率数据、NPP 变化率数据、水源涵养功能多年平均数据、水土保持能力多年平均数据、防风固沙功能多年平均数据、现年水源涵养功能数据、现年水土保持能力数据、现年防风固沙功能数据筛选该区域的生态治理重点网格。

9.7.3 输入输出定义

输入数据如表 9-7 所示。

表 9-7 输入数据说明

输入数据	变量名称	数据说明	数据类型
NDVI 变化率数据	ndvifile	某地区 NDVI 变化率数据	TIFF 数据
NPP 变化率数据	nppfile	某地区 NPP 变化率数据	TIFF 数据
水源涵养功能多年平均数据	wateravgfile	某地区水源涵养功能多年平均数据	TIFF 数据
水土保持能力多年平均数据	soilavgfile	某地区水土保持功能多年平均数据	TIFF 数据
防风固沙功能多年平均数据	windavgfile	某地区防风固沙功能多年平均数据	TIFF 数据
现年水源涵养功能数据	waterfile	某地区现年水源涵养功能数据	TIFF 数据
现年水土保持能力数据	soilfile	某地区现年水土保持能力数据	TIFF 数据
现年防风固沙功能数据	windfile	某地区现年防风固沙功能数据	TIFF 数据

输出数据为输入地区范围的生态治理重点网格空间分布。

9.7.4 算法流程图

生态重点治理网格遴选算法流程如图 9-13 所示。

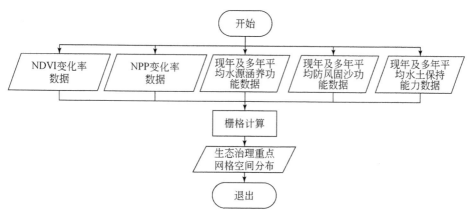

图 9-13 生态治理重点网格遴选算法流程图

9.7.5 模块界面

生态治理重点网格遴选模块界面如图 9-14 所示。模块界面的"生态重点治理区域遴选"等同于"生态治理重点网格遴选"。

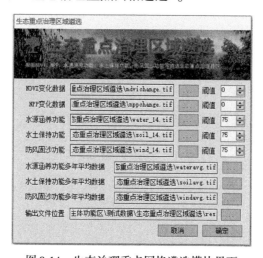

图 9-14 生态治理重点网格遴选模块界面

第10章 其他类（数据预处理）模块
详细设计

10.1 成分栅格产品

10.1.1 模型概念

土地利用成分栅格即单位面积上各土地利用类型的占比情况。

10.1.2 模型算法

成分栅格产品模块是将土地利用数据进行网格化，计算各个网格中的各种土地利用类型面积占比，形成百分栅格数据。

10.1.3 输入输出定义

输入数据如表10-1所示。

表10-1 输入数据说明

输入数据	变量名称	数据说明	数据类型
土地利用数据	luccfile	某地区土地利用数据	Shapefile 数据

输出数据为输入地区范围的网格中土地利用百分数据。

10.1.4 算法流程图

成分栅格产品算法流程如图10-1所示。

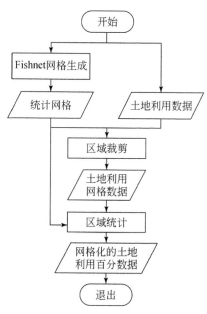

图 10-1　成分栅格产品算法流程图

10.1.5　模块界面

成分栅格产品模块界面如图 10-2 所示。

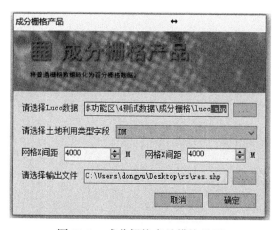

图 10-2　成分栅格产品模块界面

10.2　经济社会数据网格化

10.2.1　模型概念

经济社会数据网格化模块是利用模板将分区县统计的 GDP 数据进行离散化，从而得到 GDP 的空间分布数据。

10.2.2　模型算法

利用模板与行政区划数据（包含各行政区划的 GDP 字段）将 GDP 进行网格化，形成单位网格上的 GDP 数据。

10.2.3　输入输出定义

输入数据如表 10-2 所示。

表 10-2　输入数据说明

输入数据	变量名称	数据说明	数据类型
行政区划数据	shpfile	某地区行政区划数据	Shapefile 数据
GDP 数据	gdpfile	某地区 GDP 数据，包含各行政区划的 GDP 字段	Shapefile 数据
离散化模板数据	modelfile	某地区 NPP 变化率数据	TIFF 数据

输出数据为输入地区范围的 GDP 空间分布数据。

10.2.4　算法流程图

经济社会数据网格化算法流程如图 10-3 所示。

10.2.5　模块界面

经济社会数据网格化模块界面如图 10-4 所示。

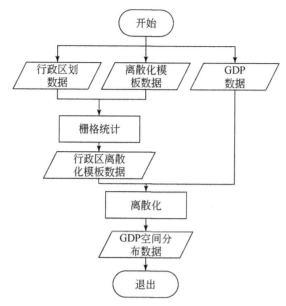

图 10-3 经济社会数据网格化算法流程图

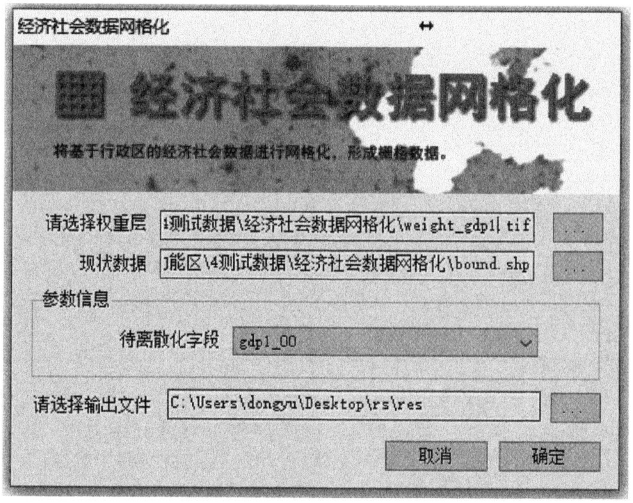

图 10-4 经济社会数据网格化模块界面

10.3　分类产品验证

10.3.1　模型概念

分类产品验证模块用于验证分类产品精度。用于对比分类产品（如 LULC 数据）的遥感数据与实测数据之间的误差。

10.3.2　模型算法

计算混淆矩阵（confusion matrix）、错分误差、漏分误差、用户精度与制图精度，并最终得到总体分类精度。

10.3.3　输入输出定义

输入数据如表 10-3 所示。

表 10-3　输入数据说明

输入数据	变量名称	数据说明	数据类型
分类产品遥感数据	rfile	分类产品遥感数据	TIFF 数据
分类产品实测数据	dfile	分类产品实测数据	Shapefile 数据

输出数据为分类产品的混淆矩阵、错分误差、漏分误差、用户精度、制图精度。

10.3.4　算法流程图

分类产品验证算法流程如图 10-5 所示。

10.3.5　模块界面

分类产品验证模块界面如图 10-6 所示。

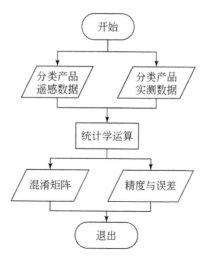

图 10-5　分类产品验证算法流程图

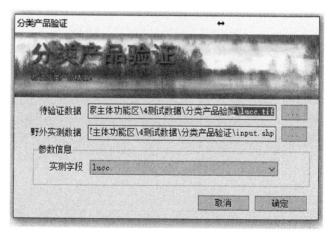

图 10-6　分类产品验证模块界面

10. 4　反演产品验证

10. 4. 1　模型概念

反演产品验证模块用于验证反演产品精度。用于对比反演产品（如 NDVI 数据）的遥感数据与实测数据之间的误差。

10.4.2　模型算法

遥感数据为 y 轴，实测数据为 x 轴，形成散点图，并进行线性回归，最终得出剩余平方和与回归平方和。

10.4.3　输入输出定义

输入数据如表 10-4 所示。

表 10-4　输入数据说明

输入数据	变量名称	数据说明	数据类型
反演产品遥感数据	rfile	反演产品遥感数据	TIFF 数据
反演产品实测数据	dfile	反演产品实测数据	Shapefile 数据

输出数据为反演产品的散点图、剩余平方和与回归平方和。

10.4.4　算法流程图

反演产品验证算法流程如图 10-7 所示。

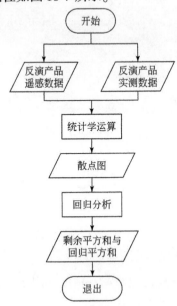

图 10-7　反演产品验证算法流程图

10.4.5　模块界面

反演产品验证模块界面如图 10-8 所示。

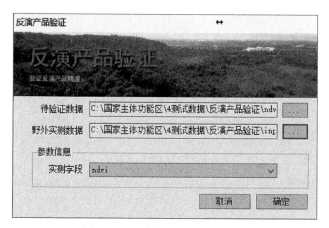

图 10-8　反演产品验证模块界面

第11章 其他类（空间格局）模块详细设计

11.1 人口首位度

11.1.1 模型概念

首位度可以反映区域内不同规模城市的差异程度。以人口首位度为例，人口首位度传统上是指区域内首位城市与第二位城市的城镇人口之比。

11.1.2 模型算法

人口首位度的计算公式为

$$P = \frac{R_1}{R_2}$$

式中，P 表示人口首位度；R_1 表示首位城市城镇人口；R_2 表示第二位城市城镇人口。一般来说，经济不发达地区由于城镇化水平低，城镇数量少，人口和产业集中于首位城市，因此城市人口首位度相应较高；而与上述情况相反，在经济发达国家或地区，城市人口首位度值一般相对较低；当然，面积较小的发达国家也有例外。

11.1.3 输入输出定义

输入数据如表 11-1 所示。

表 11-1 输入数据说明

输入数据	变量名称	数据说明	数据类型
行政区划数据	shpfile	某地区行政区划数据	Shapefile 数据

续表

输入数据	变量名称	数据说明	数据类型
城镇人口空间分布数据	popfile	某地区人口空间分布数据	TIFF 数据

输出数据为输入地区范围的人口首位度数据。

11.1.4　算法流程图

人口首位度算法流程如图 11-1 所示。

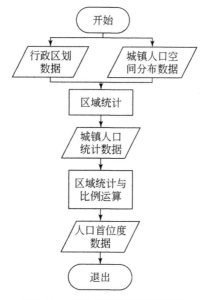

图 11-1　人口首位度算法流程图

11.1.5　模块界面

人口首位度模块界面如图 11-2 所示。

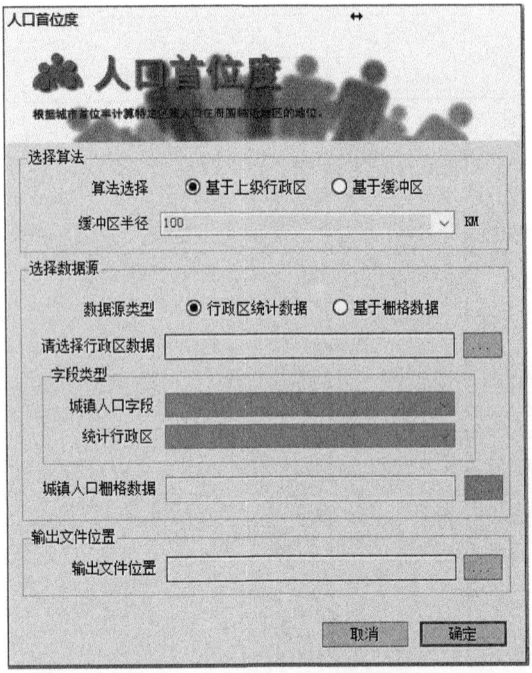

图 11-2　人口首位度模块界面

11.2　工业区位商

11.2.1　模型概念

区位商又称为专门化率，传统上它是指区域某特定工业部门在全国该特定工业部门的比例与该区整个工业占全国工业的比例的比值。

11.2.2　模型算法

工业区位商计算的具体公式为

$$Q = \frac{\dfrac{a}{A}}{\dfrac{b}{B}}$$

式中，Q 表示工业区位商；a 表示特定工业部门的产量、产值或就业人口等；A 表示全国该工业部门的产量、产值、就业人口等指标；b 表示该地区全部工业产量、产值、就业人口等指标；B 表示全国工业产量、产值、就业人口等指标。通过计算区域的工业区位商，可找出该地区在全国具有一定地位的专门化工业部门；Q 值越大，说明其专门化率越高，城市对该工业部门的依赖性越强。

区位商的概念可以被进一步扩展。首先，区位商不仅可以被用于衡量特定工业部门的产量、产值、就业人口等指标，还可以用于诸如工农业人口、第一产业、第二产业、第三产业等其他经济社会指标。其次，利用地理信息系统技术，可以将传统区位商模型中的研究区域缩放到不同尺度并开展对比分析；既可以在全省、全国，甚至全球开展分析，也可以在非行政单元的自然地域，即以某一特定城市为中心的、固定研究半径的区域（具体如定义为方圆 100km、方圆 500km 等）开展分析。

11.2.3　输入输出定义

输入数据如表 11-2 所示。

表 11-2　输入数据说明

输入数据	变量名称	数据说明	数据类型
行政区划数据	shpfile	某地区行政区划数据	Shapefile 数据
总 GDP 空间分布数据	sumfile	某地区总 GDP 空间分布数据（或者为行政区划内的一个字段）	TIFF 数据/ Shapefile 数据
工业 GDP 空间分布数据	spcfile	某地区工业 GDP 空间分布数据（或者为行政区划内的一个字段）	TIFF 数据/ Shapefile 数据

输出数据为输入地区范围的工业区位商数据。

11.2.4 算法流程图

工业区位商算法流程如图 11-3 所示。

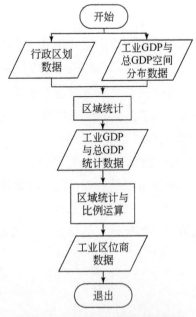

图 11-3　工业区位商算法流程图

11.2.5 模块界面

工业区位商模块界面如图 11-4 所示。

11.3　经济发展水平差异

11.3.1 模型概念

经济发展水平差异是计算某一地区各个行政区 GDP 的方差，来表现该地区的经济发展水平的差异性。

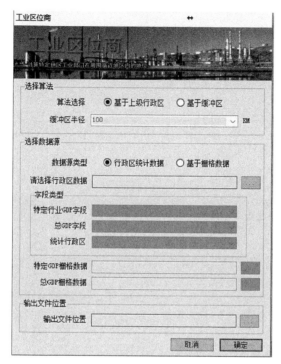

图 11-4　工业区位商模块界面

11.3.2　模型算法

方差是各个数据与其算术平均数的离差平方和的平均数。方差和标准差是测度数据变异程度时最重要、最常用的指标。

11.3.3　输入输出定义

输入数据如表 11-3 所示。

表 11-3　输入数据说明

输入数据	变量名称	数据说明	数据类型
行政区划数据	shpfile	某地区行政区边界数据（包含 GDP 字段）	Shapefile 数据

输出数据为输入地区范围的经济发展水平差异数据。

11.3.4 算法流程图

经济发展水平差异算法流程如图 11-5 所示。

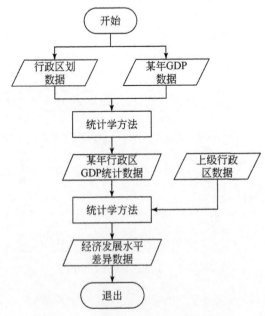

图 11-5 经济发展水平差异算法流程图

11.3.5 模块界面

经济发展水平差异模块界面如图 11-6 所示。

11.4 土地开发效率

11.4.1 模型概念

土地开发效率是指某地区 GDP 产值与建设用地面积的比值。

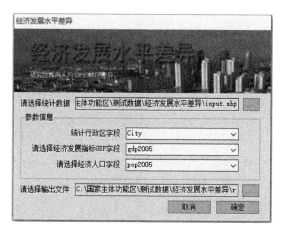

图 11-6　经济发展水平差异模块界面

11.4.2　模型算法

效率分析衡量单位土地或单位人口所产出的效益，资源占用分析则是效率分析的另一面，它在数值上等于效率分析数值的倒数。效率分析以土地总面积（或者某种特定土地总面积，或其他资源，如水资源）或者以人口总数（或特定职业人口总数）为基准，汇总由这些土地以及人员形成的经济社会收益，由此得到单位土地、单位人员的经济社会效益。

11.4.3　输入输出定义

输入数据如表 11-4 所示。

表 11-4　输入数据说明

输入数据	变量名称	数据说明	数据类型
行政区划数据	shpfile	某地区行政区划数据（包含 GDP、土地利用字段）	Shapefile 数据
土地利用数据	luccfile	某地区土地利用数据	Shapefile 数据

输出数据为输入地区范围的土地开发效率数据。

11.4.4 算法流程图

土地开发效率算法流程如图 11-7 所示。

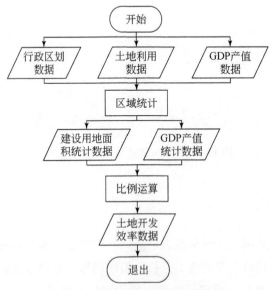

图 11-7 土地开发效率算法流程图

11.4.5 模块界面

土地开发效率模块界面如图 11-8 所示。

11.5 土地资源占用

11.5.1 模型概念

土地资源占用是指某地区单位 GDP 产值需要的建设用地面积。

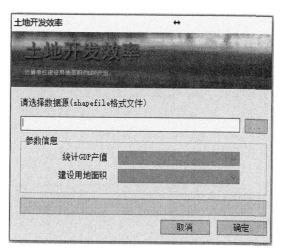

图 11-8　土地开发效率模块界面

11.5.2　模型算法

土地资源占用的值为某地区建设用地面积与 GDP 产值的比值。

11.5.3　输入输出定义

输入数据如表 11-5 所示。

表 11-5　输入数据说明

输入数据	变量名称	数据说明	数据类型
行政区划数据	shpfile	某地区行政区划数据（包含 GDP、土地利用字段）	Shapefile 数据

输出数据为输入地区范围的土地资源占用数据。

11.5.4　算法流程图

土地资源占用算法流程如图 11-9 所示。

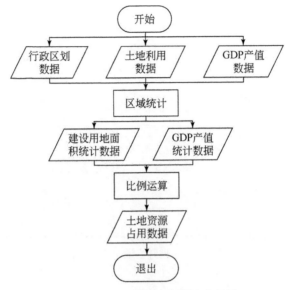

图 11-9　土地资源占用算法流程图

11.5.5　模块界面

土地资源占用模块界面如图 11-10 所示。

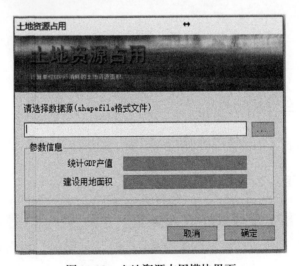

图 11-10　土地资源占用模块界面

11.6 居民点空间密度

11.6.1 模型概念

居民点空间密度即在单位面积上的居民点数量，一般采用基于居民点密度的人口密度空间化计算得出。人口密度不仅取决于居民点密度，还与平均每个居民点的人口数密切相关，居民点密度大的区域的人口密度不一定大，居民点密度小的区域的人口密度也不一定小[42]。

11.6.2 模型算法

空间密度分析中，Kernel Density 核密度分析是计算离散要素（点、线）在区域的分布情况的方法。该方法以每个待计算网格点为中心，通过设定半径的圆搜索其余各网格点的密度值。从本质上看，Kernel Density 核密度分析是一个通过离散采样点进行表面内插后，生成一个具有连续等值线密度表面的过程。通过空间密度分析，可以鉴别空间面域上的点、轴。

11.6.3 输入输出定义

输入数据如表 11-6 所示。

表 11-6 输入数据说明

输入数据	变量名称	数据说明	数据类型
居民点空间分布数据	shpfile	某地区居民点空间分布数据	Shapefile 数据

输出数据为输入地区范围的居民点空间密度数据。

11.6.4 算法流程图

居民点空间密度算法流程如图 11-11 所示。

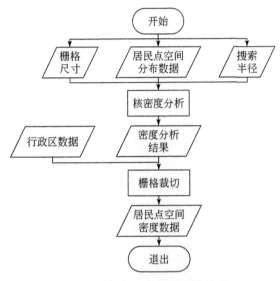

图 11-11　居民点空间密度算法流程图

11.6.5　模块界面

居民点空间密度模块界面如图 11-12 所示。

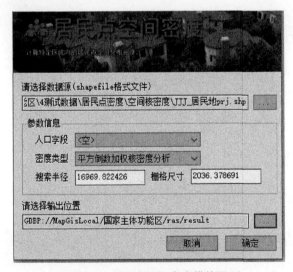

图 11-12　居民点空间密度模块界面

11.7　城市发展潜力

11.7.1　模型概念

潜力模型是经济地理学的基本模型之一。最早是由哈里斯（C. D. Harris）对美国各地区的市场的可进入性进行预测时提出的。市场潜力模型如下：

$$M_i = \sum_j p_j f(d_{ij})$$

式中，M_i 表示 i 地区的市场潜力；p_j 表示 j 地区的购买力；d_{ij} 表示 i 地区至 j 地区的距离；f 表示距离的衰减函数。

11.7.2　模型算法

由于购买力指标相对来说较为抽象、数据难以获得，因此通常基于该模型计算其他经济社会指标潜力，如将购买力指标替换成为人口、GDP 以及人均 GDP 等。并且，还可以进一步将多种指标结合起来，形成一个综合的潜力指数。例如，将人口和 GDP 结合起来，形成城市发展潜力。其公式如下：

$$M_i = w_\mathrm{p} \sum_j p_j f(d_{ij}) + w_\mathrm{e} \sum_j e_j f(d_{ij})$$

式中，w_p 和 w_e 分别表示人口潜力值和经济潜力值所在的权重；e_j 表示信息熵值。

11.7.3　输入输出定义

输入数据如表 11-7 所示。

表 11-7　输入数据说明

输入数据	变量名称	数据说明	数据类型
城市分布数据	shpfile	某地区城市分布数据	Shapefile 数据

输出数据为输入地区范围的城市发展潜力数据。

11.7.4　算法流程图

城市发展潜力算法流程如图 11-13 所示。

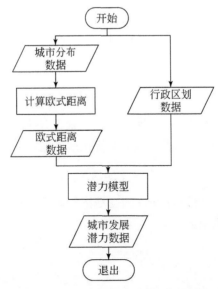

图 11-13   城市发展潜力算法流程图

11.7.5   模块界面

城市发展潜力模块界面如图 11-14 所示。

图 11-14   城市发展潜力模块界面

第12章 其他类（动态变化）模块详细设计

12.1 经济发展速率

12.1.1 模型概念

经济发展速率是对某一特定区域分地区计算 GDP 的年际发展速率，形成经济发展速率专题图。

12.1.2 模型算法

变化速率，也即速度（增速），是物理学（经济学）中的一个基本指标，用来表示物体运动的快慢程度。在物理学领域中，速度是指物体运动的快慢，即速率是速度的大小或等价于路程的变化率。它是运动物体经过的路程 Δs 和通过这一路程所用时间 Δt 的比值，即 $(s_1-s_0)/(t_1-t_0)$，$v=s/t$。在经济学领域中，通常使用 GDP 增长速率、人口变化速率、资源消耗速率等，用来描述经济指标、环境指标的变化状况。在地理学领域中，有土壤呼吸速率、生态系统固碳速率等概念。

12.1.3 输入输出定义

输入数据如表 12-1 所示。

表 12-1 输入数据说明

输入数据	变量名称	数据说明	数据类型
行政区划数据	shpfile	某地区行政区边界数据（包含任意两年的 GDP 统计字段）	Shapefile 数据

输出数据为输入地区范围的经济发展速率专题图。

12.1.4　算法流程图

经济发展速率算法流程如图 12-1 所示。

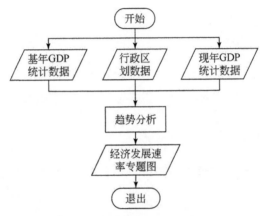

图 12-1　经济发展速率算法流程图

12.1.5　模块界面

经济发展速率模块界面如图 12-2 所示。

图 12-2　经济发展速率模块界面

12.2　植被指数变化率

12.2.1　模型概念

主要利用线性回归方法来描述分析，变化斜率即为植被指数变化率。

12.2.2　模型算法

线性拟合是利用数理统计中的回归分析，来确定两种或两种以上变量间相互依赖的定量关系的一种统计分析方法，运用十分广泛。

在统计学中，线性回归是利用称为线性回归方程的最小平方函数对一个或多个自变量和因变量之间关系进行建模的一种回归分析。这种函数是一个或多个称为回归系数的模型参数的线性组合。只有一个自变量的情况称为简单回归，大于一个自变量的情况称为多元回归。

线性回归模型经常用最小二乘逼近来拟合，但它们也可能用别的方法来拟合，如在一些其他规范里（如最小绝对误差回归）用最小化"拟合缺陷"，或者在桥回归中用最小二乘损失函数的方法。反过来，最小二乘逼近可以用来拟合那些非线性的模型。因此，尽管"最小二乘法"和"线性模型"是紧密相连的，但它们是不能画等号的。

12.2.3　输入输出定义

输入数据如表 12-2 所示。

表 12-2　输入数据说明

输入数据	变量名称	数据说明	数据类型
行政区划数据	shpfile	某地区行政区边界数据	Shapefile 数据
NDVI 数据	ndvifile	至少三年的 NDVI 统计数据	TIFF 数据

输出数据为输入地区范围的植被指数变化率数据。

12.2.4 算法流程图

植被指数变化率算法流程如图 12-3 所示。

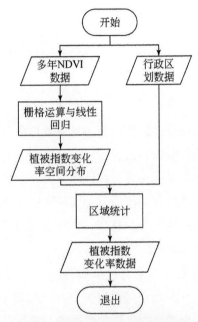

图 12-3　植被指数变化率算法流程图

12.2.5 模块界面

植被指数变化率模块界面如图 12-4 所示。

12.3　土地变化矩阵

12.3.1 模型概念

土地变化矩阵（transition matrix）来源于系统分析中对系统状态与状态转移的定量描述。

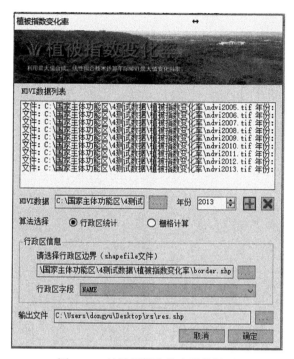

图 12-4 植被指数变化率模块界面

12.3.2 模型算法

通常的土地变化矩阵中，行表示 T_1 时点土地利用类型，列表示 T_2 时点土地利用类型。P_{ij} 表示土地类型 i 转换为土地类型 j 的面积占土地总面积的比例。根据历史土地变化矩阵，可以预测其将来变化态势。

12.3.3 输入输出定义

输入数据如表 12-3 所示。

表 12-3 输入数据说明

输入数据	变量名称	数据说明	数据类型
基年土地利用数据	beforefile	某地区变化前土地利用数据	Shapefile 数据
现年土地利用数据	afterfile	某地区变化后土地利用数据	Shapefile 数据

输出数据为输入地区范围的两年间的土地变化矩阵。

12.3.4 算法流程图

土地变化矩阵算法流程如图 12-5 所示。

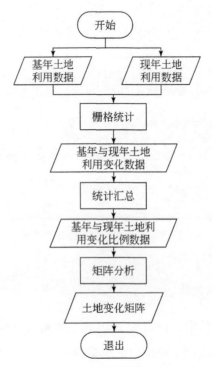

图 12-5 土地变化矩阵算法流程图

12.3.5 模块界面

土地变化矩阵模块界面如图 12-6 所示。

图 12-6　土地变化矩阵模块界面

第13章 其他类（情景模拟）模块详细设计

13.1 GDP情景模拟

13.1.1 模型概念

GDP情景模拟是利用趋势外推的方法计算未来某一年的GDP的最大值、最小值和平均值。

13.1.2 模型算法

趋势外推法是在对研究对象过去和现在的发展进行了全面分析之后，利用某种模型描述某一参数的变化规律，然后以此规律进行外推。

趋势外推法的基本假设是未来系过去和现在连续发展的结果；决定事物过去发展的因素，在很大程度上也决定该事物未来的发展，其变化不会太大；事物发展过程一般都是渐进式的变化，而不是跳跃式的变化。掌握事物的发展规律，依据这种规律推导，就可以预测出它的未来趋势和状态。应用趋势外推法进行预测，主要包括以下6个步骤：①选择预测参数；②收集必要的数据；③拟合曲线；④趋势外推；⑤预测说明；⑥研究预测结果在制订规划和决策中的应用。

13.1.3 输入输出定义

输入数据如表13-1所示。

表13-1 输入数据说明

输入数据	变量名称	数据说明	数据类型
行政区划数据	shpfile	某地区行政区划数据（包含至少两年的GDP统计字段）	Shapefile数据

输出数据为输入地区范围的目标年份最大 GDP 预测统计图、目标年份平均 GDP 预测统计图、目标年份最小 GDP 预测统计图。

13.1.4 算法流程图

GDP 情景模拟算法流程如图 13-1 所示。

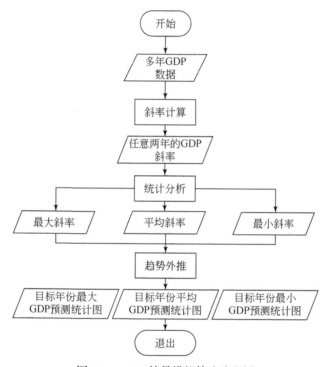

图 13-1 GDP 情景模拟算法流程图

13.1.5 模块界面

GDP 情景模拟模块界面如图 13-2 所示。

图 13-2　GDP 情景模拟模块界面

13.2　LULC 情景模拟

13.2.1　模型概念

LULC 情景模拟是利用多主体建模（agent based simulation，ABS）方法预测未来某年的土地利用数据。

13.2.2　模型算法

多主体模型采用"自下而上"的建模方法。基于主体的土地利用模型一般由两个部分组成，即模型的社会经济、自然环境等构成的模拟环境与各种自主决策、相互作用的主体，分别对应土地利用系统中的"地"和"人"两个方面。模拟环境由与主体决策过程、行为密切相关的自然环境、社会环境等因素构成。区域的坡度、海拔、交通、行政区划、土地利用状态等因素对土地利用变化有重要的影响，因而这些因素都被当成模拟环境的一部分，以栅格数据格式构成相应的图层。在这些因素中，坡度、海拔等因素变化较少，在模拟中看成常量；交通干线则是在不同时期有明显的差异，因此需要根据其历史变化进行更新。

本模型中的模拟环境由均匀的栅格地块构成，相关空间数据被转换成对应的栅格格式进而导入模型中，形成区域土地利用变化的模拟空间。其中，交通干线数据使用距离栅格，避免了在模拟过程中重复计算各个栅格到交通干线距离的工作，有助于提高模型的运行效率。

多主体模型起源于复杂适应系统理论与分布式人工智能，理论强调自下而上的思想，它宏观上强调主体与周围环境及主体间的相互作用是由主体组成的系统不断演变或进化；微观则强调主体可以通过与环境及其他主体的非线性交互作用，学习经验并固化在自己以后的行为方式中，以得到更好的生存和发展。

本次研究中模型主要主体包括与土地利用变化密切相关的利益相关者、决策者和实施者，包括城市主体、农村主体和政府主体三种类型。单个城市主体、农村主体分别代表一定数量的实际城市人口、农村人口，二者都需要在某一地块上定居。一个地块上可以有多个主体，但单个地块只能承载一定数量的主体，这个上限与地块的地形、交通条件相关。同时由于研究区不同城市间的发展存在较为明显的差异，因此依据行政区划将整个区域划分为 13 个城市进行模拟。模型中的城市主体与农村主体均隶属于某一城市，表现城市人口规模变化的宏观特征。为了体现城市主体与农村主体的个体差异，这两类主体均添加了一个适应能力值，主体的适应能力值会影响主体的决策及行为能力。且在模拟过程中，城市主体与农村主体的主要决策与行为规则明显不同。

主体的增长机制采用 Logistic 模型的方程：

$$\widehat{y} = \frac{K}{1 + \alpha\, e^{-\beta t}},\ \alpha,\ \beta > 0$$

式中，t 表示时间；K、α、β 表示三个待定参数。Logistic 模型描述了一个先加速增长，再减速趋于极限值 K 的 S 形增长过程，其拐点坐标为 $\left(\dfrac{\ln\alpha}{\beta},\ \dfrac{K}{2}\right)$。在求解时，一般将 K 看成固定常数，将通过对数变换转化线性形式：

$$\ln\left(\frac{K}{\widehat{y}} - 1\right) = \ln(\alpha) - \beta t$$

最后通过最小二乘回归计算得到 α 值和 β 值。K 值通过最小误差搜索法来确定：由于 K 值是人口增长的上限，必然大于现有的常住人口，故以人口的最大值为初始值迭代计算，最终取使最小二乘回归的 R^2 系数最大的 K 值作为拟合最优的 K 值。

13.2.3 输入输出定义

输入数据如表 13-2 所示。

表 13-2 输入数据说明

输入数据	变量名称	数据说明	数据类型
坡度数据	pfile	某地区坡度数据	TIFF 数据
城镇分布数据	cfile	某地区城镇分布数据	TIFF 数据
高程数据	dfile	某地区高程数据	TIFF 数据
土地利用数据	lfile	某地区土地利用数据	TIFF 数据
道路数据	rfile	某地区道路分布数据	TIFF 数据

输出数据为输入地区范围的未来某年的土地利用预测数据。

13.2.4 算法流程图

LULC 情景模拟算法流程如图 13-3 所示。

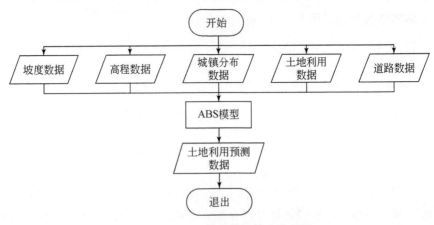

图 13-3 LULC 情景模拟算法流程图

13.2.5　模块界面

　　LULC 情景模拟模块界面如图 13-4 所示。模块界面的"LUCC 情景模拟"等同于"LULC 情景模拟"。

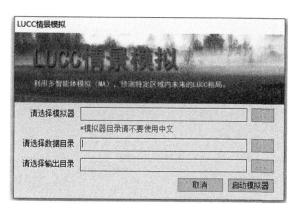

图 13-4　LULC 情景模拟模块界面

第14章 其他类（综合评价）模块详细设计

14.1 保护力度评价

14.1.1 模型概念

对国土空间的保护，主要是要在生态保护地区、农产品主产区以及各类国家公园等地区，维持区域的生态系统或土地利用类型的结构、质量、服务基本不变，或者向好的方向发展，同时，维持或尽量减少人类对这一地区的扰动强度。

14.1.2 模型算法

对国土空间保护力度的评价从两个方面进行，首先是评价国土保护的现实效果，从生态系统的结构方面来衡量；其次是考虑国土空间保护的实际强度，即从人类对生态系统的干扰能力方面衡量。

14.1.3 输入输出定义

输入数据如表14-1所示。

表 14-1 输入数据说明

输入数据	变量名称	数据说明	数据类型
行政区划数据	shpfile	某地区行政区边界数据	Shapefile 数据
土地利用数据	luccfile	某地区土地利用数据	TIFF 数据

输出数据为输入地区范围的保护力度指数。

14.1.4 算法流程图

保护力度评价算法流程如图 14-1 所示。

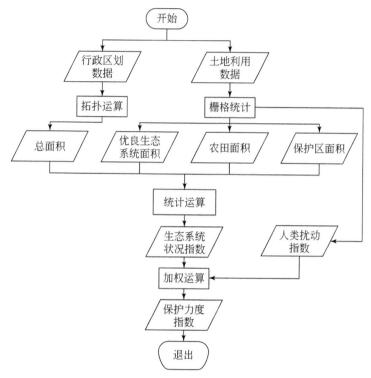

图 14-1 保护力度评价算法流程图

14.1.5 模块界面

保护力度评价模块界面如图 14-2 所示。

图 14-2 保护力度评价模块界面

14.2 主体功能提升评价

14.2.1 模型概念

主体功能提升的目标就是"三升二降"，即针对本地区生态系统健康状况、生态服务功能、载畜压力指数、城乡收入比、农牧民纯收入 5 个要素开展评价。

14.2.2 模型算法

重点生态功能区，其规划重点是生态服务功能维持和提升，同时兼顾社会公平。考虑研究区域的自然环境和经济社会发展特点，本研究重点评价生态系统健康状况、生态服务功能、载畜压力指数、城乡收入比、农牧民纯收入 5 个要素。如果指数上升，说明重点生态功能区在保护了区域生态的同时，维持和提高了当地人民的福祉。反过来，如果指数下降，这表明该地区生态系统健康状况变差，生态系统服务能力降低，载畜压力提高，城乡差距和当地人民生活未得到改善，此时急需预警、追因。

14.2.3 输入输出定义

输入数据如表 14-2 所示。

表 14-2 输入数据说明

输入数据	变量名称	数据说明	数据类型
行政区划数据	shpfile	某地区行政区划数据（包含载畜压力指数、农牧民纯收入、城乡收入比字段）	Shapefile 数据
NDVI 数据	ndvifile	某地区 NDVI 数据	TIFF 数据
NPP 数据	nppfile	某地区 NPP 数据	TIFF 数据

输出数据为输入地区范围的**主体功能提升指数**。

14.2.4 算法流程图

主体功能提升评价算法流程如图 14-3 所示。

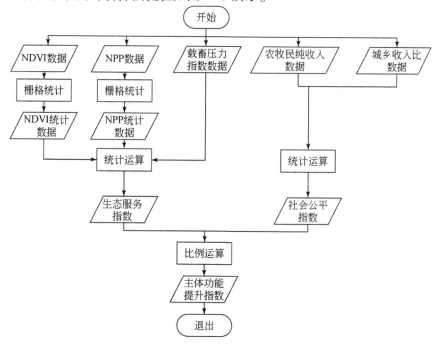

图 14-3 主体功能提升评价算法流程图

14.2.5　模块界面

主体功能提升评价模块界面如图 14-4 所示。

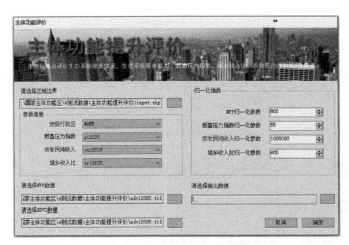

图 14-4　主体功能提升评价模块界面

14.3　区域协调性评价

14.3.1　模型概念

区域协调性评价的目标为评价某地区是否按照人口、经济、资源环境相协调以及统筹城乡发展、统筹区域发展的要求进行开发，是否促进了人口、经济、资源环境的空间均衡。

14.3.2　模型算法

区域发展空间均衡模型的基本原理就是，标识任何区域（R_i）综合发展状态的人均水平值（D_i）总是各地区大体相等的。在综合考虑数据支撑能力的情况下，可以使用人均水平的 GDP、交通覆盖度、生态脆弱度指标分别表示经济、社会、生态环境三个方面的状态，并构建相关模型进行评价。

依据 GDP 密度产品、人口密度产品，提取多个县域单元的人均 GDP，计算其均值、方差等参数。同样，依据交通优势度产品、人口密度产品，提取人均交通优势度，计算其均值、方差等参数；依据 LULC 产品、人口密度产品，提取人均优良生态系统面积，计算其均值、方差等参数。在此基础上，依据区域协调性模型，计算区域协调性指数。

对区域协调性指数进行评判，如果指数上升，表明不同区域经济社会发展与资源环境承载力之间的关系，较基准年更加适宜；如果指数下降，则表明不同区域经济社会发展与资源环境承载力之间的关系，较基准年更加不协调。

14.3.3　输入输出定义

输入数据如表 14-3 所示。

表 14-3　输入数据说明

输入数据	变量名称	数据说明	数据类型
行政区划数据	shpfile	某地区行政区边界数据（包含 GDP、交通优势度、人口字段）	Shapefile 数据
土地利用数据	luccfile	某地区土地利用数据	TIFF 数据

输出数据为输入地区范围的区域协调性指数数据。

14.3.4　算法流程图

区域协调性评价算法流程如图 14-5 所示。

14.3.5　模块界面

区域协调性评价模块界面如图 14-6 所示。

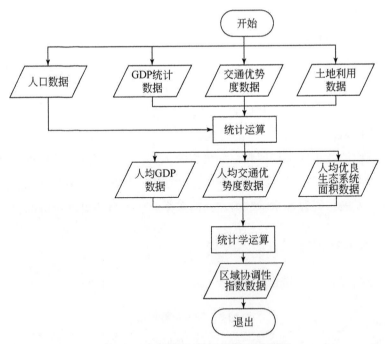

图 14-5　区域协调性评价算法流程图

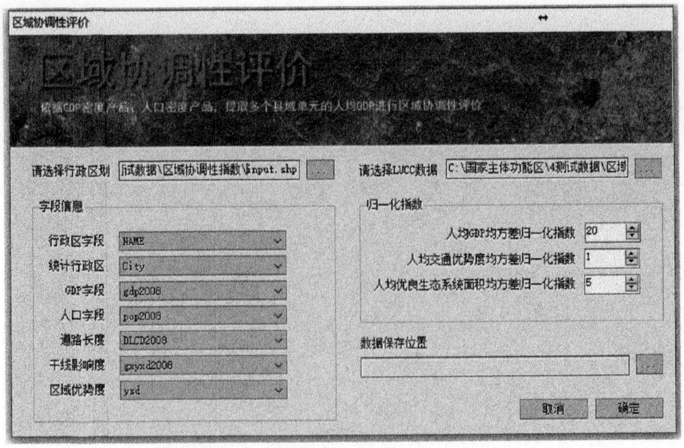

图 14-6　区域协调性评价模块界面

第 15 章　总　　结

对国家主体功能区规划实施开展监测和评价是落实主体功能区规划、调控主体功能区运行的基本途径。应用信息技术，基于经济地理学的基本原理和模型方法，将各种通用和专用的区域评价与区域规划辅助决策模型方法转化为计算机模块，这是开展自动化、业务化的监测、评价和辅助决策的关键所在。

根据整体选型，确定了"高分遥感主体功能区规划实施评价与辅助决策"相关系统和模块必须运行在 MapGIS 10 云环境中。在环境确认基础上，软件框架结构可分为基础功能类库、业务逻辑层、接口层和业务外观层四个层次。其中基础功能类库由操作系统和第三方软件提供，接口层由 MapGIS 10.1 平台提供，业务逻辑层和业务外观层为本软件设计研发的主要内容。研发工作需要同时提供两种界面形式，即模型插件和模型工作流[43]。系统各个模块内部算法均搭建在 ArcObjects 类库之上，并采用 ArcObjects SDK for Microsoft . NET Framework 工具包进行开发。

在系统和模块总体设计基础上，依托"高分遥感主体功能区规划实施评价与辅助决策指标（专题产品）体系"研究成果、"高分遥感主体功能区规划实施评价与辅助决策关键技术"研究成果，分别对国土开发、城市环境、耕地保护、生态环境质量、生态服务功能、辅助决策 6 类、23 个具体模型进行了研发，对每个模型的模型概念、模型算法、输入输出定义、算法流程图、模型界面等进行了定义、设计和研发。上述 23 个软件模块可以生成对应的 6 类、23 种专题产品，直接服务于主体功能区规划实施评价与辅助决策工作。

考虑到系统业务化、自动化作业的完整性，本研究根据"高分遥感主体功能区规划实施评价与辅助决策关键技术"研究成果，进一步研发了数据预处理、空间格局、动态变化、情景模拟、综合评价 5 个方面共 19 个软件模块。上述 19 个软件模块可以完成从专题产品生产、集成，到专题产品时空分析、模拟预测和综合评价的工作，是对主体功能区规划实施评价与辅助决策工作的必要补充。

总而言之，本研究完成了确定的研发目标、研发内容。软件系统架构设计合理，模型逻辑清晰，人机交互界面友好，数据测试有效，系统测试稳定。本研究研发成果为后续的案例区示范应用等工作奠定了基础。

参 考 文 献

［1］郭际元，曾文．MAPGIS 地理信息系统的二次开发．测绘信息与工程，2000，（01）：16-18.

［2］李明巨，吴勤书，刘昱君．一种基于云 GIS 技术的地理信息服务新方式．测绘通报，2015，（02）：92-94.

［3］林德根，梁勤欧．云 GIS 的内涵与研究进展．地理科学进展，2012，31（11）：1519-1528.

［4］彭义春，王云鹏．云 GIS 及其关键技术．计算机系统应用，2014，23（08）：10-17.

［5］吴建华．基于 ArcGIS Engine 的 GIS 软件开发方法．测绘通报，2010，（11）：54-57.

［6］周顺平，李雪平．MAPGIS 二次开发库的设计与实现简介．地球科学，1998，（04）：13-16.

［7］罗美芳，孙敬．基于 MAPGIS 的地质环境信息管理系统二次开发．中国水运（理论版），2006，（02）：42-43.

［8］邓祥征，林英志，战金艳，等．基于栅格面积成分数据的土地利用格局解释模型稳健估计．地理科学进展，2010，29（02）：179-185.

［9］符海月，李满春，赵军，等．人口数据格网化模型研究进展综述．人文地理，2006，（03）：115-119，114.

［10］胡云锋，王倩倩，刘越，等．国家尺度社会经济数据格网化原理和方法．地球信息科学学报，2011，13（05）：573-578.

［11］求煜英．中国分省首位度研究．上海：华东师范大学，2014.

［12］闫建伟．基于区位商分析法的我国农业产业结构调整区域差异研究．南方农业学报，2016，47（10）：1795-1800.

［13］陈未．浅析标准差在经济上的应用．当代经济，2009，（03）：164-165.

［14］冯民，顾晓薇，王青，等．沈阳市可持续发展的生态资源占用核算与分析．东北大学学报（自然科学版），2009，30（02）：291-294.

［15］禹文豪，艾廷华，杨敏，等．利用核密度与空间自相关进行城市设施兴趣点分布热点探测．武汉大学学报（信息科学版），2016，41（02）：221-227.

［16］马书红，周伟，王元庆．基于潜力模型和经济势理论的卫星城发展研究．城市问题，2008，（01）：29-33.

［17］陈少沛，丘健妮，庄大昌．基于潜力模型的广东城市可达性度量及经济联系分析．地理与地理信息科学，2014，30（06）：64-69.

［18］李少英，刘小平，黎夏，等．土地利用变化模拟模型及应用研究进展．遥感学报，2017，21（03）：329-340.

［19］李之领．中国 GDP 何时超过美国——基于趋势外推法和 ARMA 组合模型的预测．吉林

工商学院学报，2012，28（06）：10-16.

［20］揭赟，陈丁．基于元胞自动机的 LUCC 模型探讨．国土资源科技管理，2005，（05）：87-91.

［21］李雪草，俞乐，徐伊迪，等．基于元胞自动机降尺度方法的 1km 分辨率全球土地利用数据集（2010～2100）（英文）．Science Bulletin，2016，61（21）：1651-1661，1629.

［22］郭欢欢，李波，侯鹰，等．元胞自动机和多主体模型在土地利用变化模拟中的应用．地理科学进展，2011，30（11）：1336-1344.

［23］陈袁．多智能体土地利用动态模拟及应用．成都：成都理工大学，2016.

［24］左良优，戴尔阜，张明庆．多主体模型在土地利用动态模拟中的研究进展．首都师范大学学报（自然科学版），2017，38（03）：59-65.

［25］苗润生．中国各地区综合经济实力评价方法研究．北京：中央财经大学，2004.

［26］赵慧冬，关世霞，包玉娥．基于组合赋权的区间型多属性决策方法．统计与决策，2012，（19）：98-101.

［27］陈迁，王浣尘．AHP 方法判断尺度的合理定义．系统工程，1996，（05）：18-20.

［28］戴昭鑫，胡云锋，任博，等．1990—2013 年丝绸之路东段城市群自我发展能力的时空格局和变化分析．干旱区地理，2016，39（04）：909-917.

［29］张笑寒．基于 AHP 方法的开发区土地集约利用评价研究．华中农业大学学报（社会科学版），2009，（02）：25-30.

［30］赵文亮，陈文峰，孟德友．中原经济区经济发展水平综合评价及时空格局演变．经济地理，2011，31（10）：1585-1591.

［31］韦晶，郭亚敏，孙林，等．三江源地区生态环境脆弱性评价．生态学杂志，2015，34（07）：1968-1975.

［32］迟景明，任祺．基于赫芬达尔-赫希曼指数的我国高校创新要素集聚度研究．大连理工大学学报（社会科学版），2016，37（04）：5-9.

［33］敬莉，张晓东．西北五省区产业集聚与经济增长的实证分析——基于空间基尼系数的测度．开发研究，2013，（02）：1-5.

［34］类骁，韩伯棠．基于 EG 指数模型的我国制造业产业集聚水平研究．科技进步与对策，2012，29（08）：43-46.

［35］谢静，马爱霞．创新视角下我国医药制造业集聚水平分析——基于 DO 指数的企业精准地理位置测度．科技管理研究，2017，37（15）：170-178.

［36］叶彩华，刘勇洪，刘伟东，等．城市地表热环境遥感监测指标研究及应用．气象科技，2011，39（01）：95-101.

［37］Hannah L，Hutchinson C，Carr J L，et al. 人类对全球生态系统扰动的初步清查．AMBIO-

人类环境杂志，1994，23（Z1）：246-250.

［38］赵国松，刘纪远，匡文慧，等.1990—2010年中国土地利用变化对生物多样性保护重点区域的扰动.地理学报，2014，69（11）：1640-1650.

［39］单贵莲，徐柱，宁发.草地生态系统健康评价的研究进展与发展趋势.中国草地学报，2008，（02）：98-103，115.

［40］Wang Q，Tenhunen J D. Vegetation mapping with multitemporal NDVI in North Eastern China Transect（NECT）. International Journal of Applied Earth Observations and Geoinformation，2004，6（1）：17-31.

［41］Hideki S，Yoshito S，Naoyuki F，et al. Classification of tropical seasonal forests using time-series NDVI data with the tree model classification approach. Japanese Journal of Forest Planning，2007，41（1）：137-142.

［42］闫庆武，卞正富，张萍，等.基于居民点密度的人口密度空间化.地理与地理信息科学，2011，27（05）：95-98.

［43］孙紫英，阿如旱，董占源.基于MAPGIS SDK及C#环境城镇地价动态监测查询系统开发探索.内蒙古农业大学学报（自然科学版），2013，34（01）：56-60.